计算机"十三五"精品教材

网页制作三合一项目教程

（Dreamweaver CS6、Flash CS6、Photoshop CS6）

支和才 叶 宾 吴 嵘 主编

上海科学普及出版社

图书在版编目（ＣＩＰ）数据

网页制作三合一项目教程 /支和才，叶宾，吴嵘主编. -- 上海：上海科学普及出版社，2015.2
ISBN 978-7-5427-6347-1

Ⅰ. ①网… Ⅱ. ①支… ②叶… ③吴… Ⅲ. ①主页制作－应用软件－教材 Ⅳ. ①TP393.092

中国版本图书馆 CIP 数据核字（2015）第 007666 号

责任编辑　徐丽萍

网页制作三合一项目教程
支和才 叶宾 吴嵘 主编
上海科学普及出版社出版发行
（中山北路 832 号　邮政编码 200070）
http://www.pspsh.com

各地新华书店经销　　　　冯兰庄兴源印刷厂印制
开本 787×1092　1/16　　印张 15.25　　字数 380 600
2015 年 2 月第 1 版　　　2024 年 1 月第 2 次印刷

ISBN 978-7-5427-6347-1　　　　定价：48.00 元

Foreword

随着网页制作技术的快速发展和完善，市场上有越来越多的网页制作软件被使用。目前使用得最多的是 Dreamweaver、Flash 和 Photoshop，这三种软件无论从外观还是功能上都表现得很出色，这三种软件的组合可以高效地实现网页的各种功能。因此，无论是设计师还是初学者，都能更加容易地学习和使用，并能够轻松掌握网页制作技能，真切地体验到 CS 套装软件为创意工作流程带来的全新变革。

本书特点

为帮助广大读者快速掌握网页制作技术，我们特别组织专家和一些一线骨干老师编写了《网页制作三合一项目教程》一书。本书具有以下主要特点：

（1）全面介绍 Dreamweaver、Flash 和 Photoshop 三款软件的基本功能及实际应用，以各种重要技术为主线，然后对每种技术中的重点内容进行详细介绍。

（2）运用全新的项目任务的写作手法和写作思路，使读者在学习本书之后能够快速掌握软件操作技能，真正成为网页制作的行家里手。

（3）以实用为教学出发点，以培养读者实际应用能力为目标，通过通俗易懂的文字和手把手的教学方式讲解网页制作过程中的要点与难点，使读者全面掌握网页制作知识。

本书结构安排

本书立足于软件实际操作及应用，完全从一个初学者的角度出发，循序渐进地讲解核心知识点，将最实用的技术、最快捷的技巧介绍给读者。本书结构安排如下：

项目一　网页设计与网站建设基础。通过对本项目的学习，读者应能熟悉网页的基本功能元素；掌握网页色彩搭配的原理及技巧；熟悉网站制作的流程。

项目二　Dreamweaver CS6 轻松入门。通过对本项目的学习，读者应能熟悉 Dreamweaver 工作界面；掌握网页文档基本操作，以及如何创建与管理站点；掌握上传与下载站点的方法。

项目三　创建网页基本对象。通过对本项目的学习，读者应能掌握在网页中插入并编辑文本的方法；掌握在网页中插入图像的方法；掌握在网页中插入其他多媒体元素的方法；掌握在网页中创建各种超链接的方法。

项目四　使用表格布局网页。通过对本项目的学习，读者应能了解创建两种表格的基本方法；掌握选择表格和单元格的几种方法；学会如何编辑表格和单元格；了解"属性"面板中表格和单元格的不同设置。

项目五　使用 AP Div 布局网页。通过对本项目的学习，读者应能学会创建 AP Div 的方法；掌握如何编辑 AP Div；学会表格和 AP Div 之间的转换。

项目六　使用表单。通过对本项目的学习，读者应能了解创建表单的方法；学会给表单添加对象；掌握表单对象的属性设置。

项目七　使用 CSS 样式美化网页。通过对本项目的学习，读者应能了解 CSS 样式表的基本语法及引用方式；学会如何创建 CSS 样式表；掌握设置 CSS 样式表 9 种属性的方法；掌握管理层叠样式表的方法。

项目八 **使用行为创建网页**。通过对本项目的学习，读者应能了解行为和事件的概念，以及常用事件的含义；理解"行为"面板的功能和操作；学会利用行为调节浏览器、制作图像、显示文本，以及添加 Spry 效果。

项目九 **Flash CS6 快速入门**。通过对本项目的学习，读者应能了解 Flash 工作界面及各个部分的功能；掌握创建、打开和保存文档的方法；学会设置工作场景的方法；学会使用标尺、网格和辅助线；掌握绘图工具、选取工具、颜色设置工具以及文本工具的使用方法。

项目十 **使用元件、实例与库**。通过对本项目的学习，读者应能掌握创建、编辑与使用元件的方法；学会创建与编辑实例的方法；掌握"库"面板的使用方法。

项目十一 **创建基本 Flash 动画**。通过对本项目的学习，读者应能了解"时间轴"面板的组成部分及其基本操作；掌握基本动画的类型及其制作方法；掌握制作遮罩动画及引导动画的方法。

项目十二 **Photoshop 网页应用基础**。通过对本项目的学习，读者应能了解 Photoshop 中几种基本工具的作用；掌握在修改或调整图像时基本工具的使用方法；学会利用面板快速地对图像进行操作。

项目十三 **使用 Photoshop 处理网页图像**。通过对本项目的学习，读者应能掌握调整网页图像大小的方法；掌握网页图像变换与变形的方法；掌握修复图像的技巧；学会如何调整图像色彩。

项目十四 **企业网站设计综合案例**。通过对本项目的学习，读者应能巩固在 Photoshop 中制作网页效果图并进行切片的方法；巩固在 Dreamweaver 中制作网页的方法；巩固利用 CSS 样式美化网页的方法。

本书编写人员

本书由广东交通职业技术学院的支和才、沈阳职业技术学院的叶宾、广东科贸职业学院的吴嵘担任主编，由河南机电高等专科学校的鲁锡杰、衡水科技工程学校的朱宝宏担任本书的副主编。其中，支和才编写了项目一、三、五和十一，叶宾编写了项目二、六、七和八，吴嵘编写了项目四、九、十和十三，鲁锡杰编写了项目十四，朱宝宏编写了项目十二。本书的相关资料和售后服务可扫封底二维码或登录 www.bjzzwh.com 下载获得。

本书适合对象

本书既可作为应用型本科院校、职业院校的教材，也适用于网页设计与制作人员、网站建设与开发人员，以及各行各业需要制作网页的从业人员学习和参考。

本书在编写过程中难免有疏漏和不当之处，敬请各位专家及读者不吝赐教。

编　者

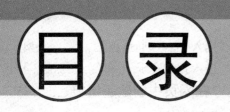

Contents

项目四　使用表格布局网页

项目五　使用AP Div布局网页

项目六　使用表单

项目七　使用CSS样式美化网页

项目八　使用行为创建网页

项目十二 Photoshop网页应用基础

项目十三 使用Photoshop处理网页图像

项目十四 企业网站设计综合案例

项目一　网页设计与网站建设基础

项目概述

在制作网页之前，需要对网页设计与网站建设有一个全面的了解和认识。本章首先介绍网页的基本概念及色彩搭配，然后学习网站制作的基本流程，了解网站是如何从无到有的；此外，网页版式与风格设计也是建设一个成功网站的关键。

项目重点

- 了解网页、网站和主页的联系与区别。
- 熟悉网页的基本功能元素。
- 掌握网页色彩搭配的原理及技巧。
- 熟悉网站制作的流程。

项目目标

- 熟悉网页的基本元素及配色原则。
- 清楚网站的制作流程。

任务一　网页设计基础知识

任务概述

网站凭借精美的页面、丰富的信息和便捷的获取方法吸引着越来越多的客户，下面简要介绍网页及其相关概念。

任务重点与实施

一、网页、网站和主页

在学习相关知识之前，要先了解一下网页的相关概念及基本定义，如网页、网站和主页等。

1．网页

网页是 Internet 的基本信息单位，一般网页上都包含文本和图片等信息，复杂一些的网页上还会有声音、动画及视频等多媒体内容。网页经由网址来识别与获取。当浏览者输入一个网址或单击某个链接时，在浏览器中显示出来的就是一个网页。图 1-1 所示为正常显示的网页。

图 1-1　网页

2．网站

网站（Website）就是把一些网页等信息文件通过超链接的形式关联起来形成的信息文件的集合。网站包含一个或多个网页。图 1-2 所示为新浪网站。

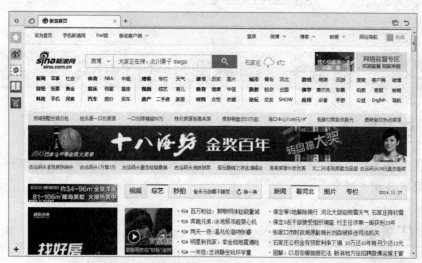

图 1-2　网站

3．主页

进入网站首先看到的是其主页，主页集成了指向二级页面及其他网站的所有链接。

　　浏览者进入主页后可以浏览相应信息并找到感兴趣的主题链接，通过单击某个链接以跳转到其他网页。例如，当浏览者输入网址 www.tmall.com 后出现的第一个页面，即"天猫"的主页，如图 1-3 所示。浏览者可以根据主页的导航进入其他页面，了解更多内容。

图 1-3　主页

二、网页基本功能元素

　　Internet 中的网页虽然千变万化，但通常由网站 Logo、导航条、横幅、内容版块和版尾或版权块等组成，下面将分别对其进行介绍。

1．网站 Logo

　　网站 Logo 是指网站的标志、标识。成功的网站 Logo 有着独特的形象标识，在网站的推广和宣传中将起到事半功倍的效果。一个设计优秀的 Logo 可以给浏览者留下深刻的印象，为网站和企业形象的宣传起到十分重要的作用。

　　网站 Logo 一般在网站的左上角或其他醒目的位置。企业网站常常使用企业的标志或注册商标作为网站的 Logo，图 1-4 所示为天猫和途牛旅游网网站的 Logo。

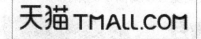 

图 1-4　网站 Logo

2．导航条

　　导航条是网页设计中不可或缺的基本元素之一。导航条链接着各个页面，只要单击其中的超链接就能进入相应的页面。

　　导航条的形式多种多样，其中包括文本导航条、图像导航条和动画导航条等。导航栏一般放置在页面的醒目位置，让浏览者能在第一时间看到它。一般有 4 个常见的位置：页面的顶部、左侧、右侧和底部。图 1-5 所示为导航条在顶部和左侧的网页。

图 1-5　导航条

3.横幅

横幅（Banner）的内容通常为网页中的广告。在网页布局中，大部分网页将横幅放置在与导航条相邻处或其他醒目的位置，以吸引浏览者，如图 1-6 所示。

图 1-6　横幅

4.内容版块

网页的内容版块是整个页面的组成部分。设计人员可以通过该页面的栏目要求来设计不同的版块，每个版块可以有一个标题内容，并且每个内容版块主要显示不同的文本信息，如图 1-7 所示。

图 1-7 内容版块

5．版尾或版权块

版尾，即页面最底端的版块。这部分位置通常放置网页的版权信息，以及网页所有者、设计者的联系方式等，如图 1-8 所示。有的网站也将网站的友情链接及一些附属的导航条放置在这里。

图 1-8 版尾或版权块

三、网页色彩搭配

色彩作为与人接触的第一视觉语言，在任何设计中都有着相当重要的影响。不同颜色的不同搭配决定了该网站是否是一个优秀的网站。因此，在进行设计前必需先了解色彩的基本概念，深入理解色彩的原理，重点掌握色彩选择与搭配的原则和方法。

1．网页配色的基础

色彩分为两大色系：无彩色和有彩色，其中黑白灰属于无彩色，而光谱中的全部颜色都属于有彩色。

凡是色彩都一定同时具备色相、明度、纯度三种属性，简称色彩三要素，它们是颜色彩中最重要的，也是最稳定的三个要素。其中，色相就是色彩的相貌；明度就是色彩的明暗度，也称亮度；而纯度就是色彩的鲜艳程度，也叫彩度、饱和度。

色彩中不同的色相、明度和纯度，给我们的色彩感觉也不同，有冷暖感、进退和膨胀感、轻重感、软硬感、华丽和朴素感以及明快与忧郁感等，如红色代表阳光积极、热情，属于暖色系，而蓝色代表稳重、沉静、消极，属于冷色调。

2．网页色彩搭配原理

➢ **色彩的鲜明性**：网页的色彩要鲜艳，容易引人注目。

➢ **色彩的独特性**：要有与众不同的色彩，使浏览者对网页的印象强烈。

> **色彩的合适性：** 即色彩和设计者表达的内容与气氛相适合，如用粉色体现女性站点的柔性。
> **色彩的联想性：** 不同色彩会产生不同的联想，如蓝色想到天空，黑色想到黑夜，红色想到喜事等，选择色彩要和自己网页的内涵相关联。

3．网页色彩搭配技巧及注意事项

网页色彩在很大程度上影响着浏览者对网页的第一印象。网页的整体色调要和网页主题相照应，针对不同的风格、不同的主题，其色彩运用都有所不同。

下面将介绍一些网页色彩搭配技巧及注意事项。

（1）使用一种色彩。单一色彩会使网站产生单调的感觉，然而通过调整透明度或者饱和度则会产生新的色彩，这样的页面看起来色彩统一，有层次感。

（2）使用两种色彩。先选定一种色彩，然后选择它的对比色。通过对比可以突出重点，产生强烈的视觉效果。

（3）采用同一个色系。即用一个感觉的色彩，如淡蓝，淡黄，淡绿。

（4）运用黑色和一种彩色。黑色一般用作背景色，与其他色彩搭配使用，如果设计合理则能产生很好的视觉效果。

（5）在搭配主色调时不要将所有颜色都用到，尽量控制在两种色彩以内。

（6）背景和正文的对比最好大一些，可使用一些花纹简单的图像，以突出主要内容。

任务二　网站建设流程

规范的网站建设应该遵循一定的流程，合理的流程可以最大限度地提高工作效率。网站建设流程主要由网站结构规划、网站的制作、网站的测试、网站的上传与发布4个部分组成。下面将分别进行介绍。

任务重点与实施

一、网站结构规划

网站是由许多网页组成的，如何将这些内容组织成一个设计独特、受人欢迎的网站，这就需要设计人员对网站的内容、结构等各方面有一个很好的规划设计。建立一个网站，一般需要考虑以下几个方面：

1．确定网站的主题及风格

在创建网站之前，首先要确定网站的主题及风格，明确网站设计的目的和主要针对的访问者，将这些问题充分考虑后再结合客户的需求一步步去实现网站的建设。

2．规划网站整体结构

确定网站中的栏目和层次。一个网站是由若干个网页组成的，设计时要通过合理的整体规划将网页组织起来形成网站。网站栏目实质上是一个网站内容的大纲索引，规划栏目的过程实际上是细化网站内容的过程。

网站栏目设计原则有三：一是网站内容重点突出，二是方便访问者浏览，三是便于管理者进行维护。此外，网站栏目划分要服从并体现网站主题。

3．收集整合网页素材

确定网站主题和整体结构后，要根据网站主题组织网站内容、收集合适的素材，素材包括很多种，如图片、音频、文字和视频等，然后将收集到的资料转换成网页能识别的文件格式，将图片转换成适用于网页的格式。

二、网站页面的制作

在制作网站的过程中，要进行全面的考虑，主要分为以下三大步：

1．确定网页版面布局

制作网页时，要先把大的结构设计好，再逐步完善小的结构设计；要先设计简单的内容，再设计复杂的，即先大后小、先简单后复杂。这样设计方便在出现问题时进行修改。要根据网站设计目标和主要浏览对象，设计好网页的版式及网页的内容。

2．制作网页

网页制作包括静态网页制作和动态网页制作。

制作网页时要按照版面布局，灵活运用模板和库，提高制作效率。也可以将版面设计成一个模板，当制作相同版面的网页时，就能以此模板为基础创建网页。

对于在网页中经常出现的内容，可以做成库项目，以后只要改变库项目，就可以很快地对使用它的所有页面进行相应的修改

3．丰富网页内容

为了使网页更加美化，视觉效果更加突出，可以通过 Flash 动画、视频等技术手段来丰富网页内容。

三、网站的测试

当网站制作完成后，需要对网站进行审查和测试。测试的对象不仅是网页，而是整个网站及所涉及的所有链接，测试内容包括功能性测试和完整性测试两个方面。

功能性测试就是要保证网页的可用性，达到最初的内容组织设计目标，实现所规定的功能，浏览者可以方便、快速地寻找到所需的内容。

完整性测试就是保证页面内容显示正确，链接准确。具体的测试主要有浏览器兼容性测试、平台兼容性测试和超链接有效性测试。

1．浏览器兼容性测试

目前浏览器有 Internet Explorer 与 Netscape 两大主流浏览器，两者对 HTML 和 CSS 等语法的支持度是不同的。这两大浏览器分别拥有各自的卷标语法，其版本越高，所支持的语法结构就越多。

如果在网页中应用了某浏览器的专有语法或较新的 HTML，在其他浏览器中浏览时可能会导致显示错误。设计者可以借助 Dreamweaver 检查网页中是否含有某版本导致存在浏览器不能识别的语法。

2．平台兼容性测试

设计者要为用户着想，必须最少在一台 PC 和一台 Mac 机上测试自己的网站网页，看看兼容性如何。

3．超链接有效性测试

超链接是连接网页之间、网站之间的桥梁，浏览者是不愿意访问一个经常出现"找不到网页"的问题网站的，设计者必须检测超链接的完好性，保证链接的有效性，不要留下太多坏链接。

如果在测试过程中发现错误，要及时修改，在准确无误后方可正式上传到 Internet 上。

四、网站的上传与发布

网站制作完成后，需要把它发布到互联网上。在发布之前，要先申请域名和主页空间，然后利用专用软件上传，FTP 有很多种软件，最著名的是 CuteFTP 和 LeapFTP，也可以用 Dreamweaver 内置的 FTP 进行上传。

项目小结

通过本项目的学习，读者应重点掌握以下知识：

（1）网页的基本功能元素主要包括网站 Logo、导航条、横幅、内容版块和版尾或版权块等。

（2）网页色彩搭配在网页设计中有着相当重要的作用，它影响着用户在浏览中对网页的第一印象。网页的整体色调要与网页的主题相对应。

（3）网站建设的流程主要包括网站结构规划、网站的制作、网站的测试、网站的上传与发布 4 个部分。

项目习题

（1）识别如图 1-9 所示的网页中的各功能元素。

图 1-9　网站主页

（2）简述网页配色技巧。

项目二　Dreamweaver CS6 轻松入门

项目概述

　　Dreamweaver CS6 是一款专业的网页制作软件，它将可视布局工具、应用程序开发功能和代码编辑支持组合在一起，功能强大，使各水平层次的开发人员和设计人员都能够快速创建吸引人的基于标准网站和应用程序的界面。本项目将引领读者初步认识 Dreamweaver CS6。

项目重点

　　🍃 熟悉 Dreamweaver CS6 的工作界面。
　　🍃 掌握网页文档的基本操作。
　　🍃 掌握创建与管理站点的方法。
　　🍃 掌握上传与下载站点的方法。

项目目标

　　➲ 熟悉 Dreamweaver CS6 程序常用面板的位置和功能。
　　➲ 掌握在 Dreamweaver CS6 中创建与保存网页的方法。
　　➲ 掌握网站站点的创建与管理方法。

任务一　Dreamweaver CS6 工作界面

任务概述

　　本任务主要了解 Dreamweaver CS6 的工作界面，了解各个部分的功能及作用，以便在后面的学习中能够更好地理解和运用。

任务重点与实施

　　Dreamweaver CS6 的工作界面主要包括菜单栏、文档工具栏、文档窗口、"属性"面板、面板组，如图 2-1 所示。

菜单栏 ——

文档工具栏 ——

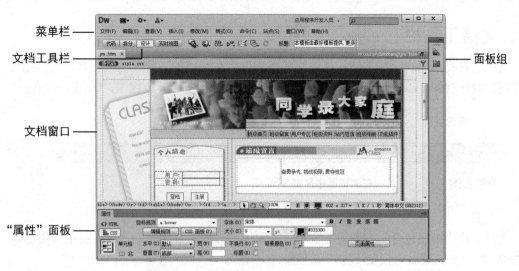

—— 面板组

文档窗口 ——

"属性"面板 ——

图 2-1   工作界面

一、菜单栏

菜单栏中包含了 Dreamweaver 中大多数的命令，它是编辑和管理网页文件的重要工具。菜单栏主要包括"文件"、"编辑"、"查看"、"插入"、"修改"、"格式"、"命令"、"站点"、"窗口"和"帮助"菜单项，如图 2-2 所示。

图 2-2   菜单栏

单击菜单名称，或按住【Alt】键的同时按键盘上各菜单英文名称的首字母，都能打开相应的下拉菜单，将其中的命令显示在屏幕上。如图 2-3 所示的"插入"菜单，它集中了大部分可以插入的对象。

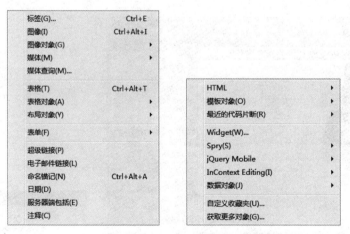

图 2-3   "插入"菜单

Dreamweaver CS6 还为一些命令提供了快捷键，它们是单击菜单命令的快捷方式之一。例如，单击"插入"|"表格"命令或按【Ctrl+Alt+T】组合键，都可以在网页中插入表格。

二、文档工具栏

文档工具栏中包含一些按钮，使用这些按钮可以在文档的不同视图间快速切换，如代码视图、设计视图，以及可以同时显示代码视图和设计视图的拆分视图，如图 2-4 所示。

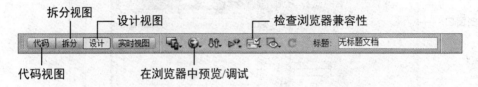

图 2-4　文档工具栏

文档工具栏中还包含一些与查看文档、在本地和远程站点间传输文档有关的常用命令和选项，如"在浏览器中预览/调试"按钮、"检查浏览器兼容性"按钮等。

视图选项中包含了一些辅助设计工具，不同视图下其显示的选项也不尽相同，例如，设计视图下的菜单显示如图 2-5 所示，其中各个选项都只应用于设计视图下。

下面将简要介绍设计视图下的几个菜单选项。

图 2-5　辅助设计工具

1．网格

网格在文档窗口中显示的是一系列水平线和垂直线，可用于精确地放置对象，如图 2-6 所示。

若要显示或隐藏网格，可单击"查看"|"网格设置"|"显示网格"命令。设置其参数时，可单击"查看"|"网格设置"|"网格设置"命令，弹出"网格设置"对话框，如图 2-7 所示。

图 2-6　显示网格

图 2-7　"网格设置"对话框

2．标尺

标尺用于测量、组织和规划布局，它显示在页面的左边框和上边框。单击"查看"|"标尺"|"显示"命令，即可显示标尺。图 2-8 所示为以"像素"为单位的标尺。

图 2-8　标尺

3．辅助线

若要更改辅助线，可单击"查看"|"辅助线"|"编辑辅助线"命令，弹出"辅助线"对话框，从中即可进行设置，如图 2-9 所示。

若要更改当前辅助线的位置，可将鼠标指针放在辅助线上，当指针变为双向箭头形状时按住鼠标左键并拖动鼠标即可，如图 2-10 所示。

图 2-9　"辅助线"对话框

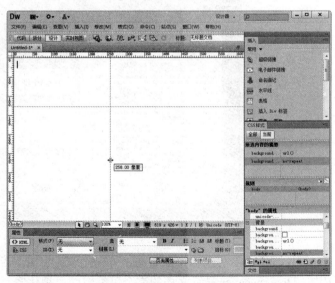

图 2-10　更改辅助线位置

三、文档窗口

文档窗口用于显示当前创建和编辑的网页文档，Dreamweaver 提供了四种查看文档的方式：代码视图、拆分视图、设计视图和实时视图。

代码视图用于编写和编辑 HTML、JavaScript、服务器语言代码（如 PHP 或 ColdFusion 标记语言（CFML），以及任何其他类型代码的手工编码环境）。图 2-11 所示为在代码视图中查看文档。

图 2-11　代码视图

拆分视图用于在一个窗口中同时看到同一文档的代码视图和设计视图。图 2-12 所示为在拆分视图中查看文档。

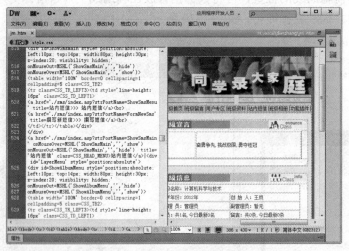

图 2-12　拆分视图

设计视图用于可视化页面布局、可视化编辑和快速应用程序开发的设计环境。在该视图中，Dreamweaver 显示文档的完全可编辑的可视化表示形式，类似于在浏览器中查看页面时看到的内容。图 2-13 所示为在设计视图中查看文档。

图 2-13　设计视图

　　实时视图与设计视图类似，实时视图更逼真地显示文档在浏览器中的表示形式。实时视图不可编辑，不过可以在代码视图中进行编辑，然后通过刷新实时视图来查看所做的更改。图 2-14 所示为在实时视图中查看文档。

图 2-14　实时视图

四、状态栏

　　图 2-15 所示为 Dreamweaver CS6 的状态栏，其中显示的信息含义如下：

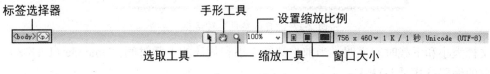

图 2-15　状态栏

　　标签选择器是指当前选定内容的标签，单击相应的标签即可选择该标签及其包括的全部内容。例如，单击<body>，即可选中文档的主体部分。

网页制作三合一项目教程

单击"选取工具"、"手形工具"按钮，可以在不同的工具间进行切换。使用"手形工具"可以在文档尺寸大于文档的显示窗口时移动当前文档，以显示文档的全部内容。

"缩放工具"和"设置缩放比率"均用于设置文档的大小。其中，缩放比率可以通过选择下拉列表中的选项（如图 2-16 所示）或直接输入数值来实现。

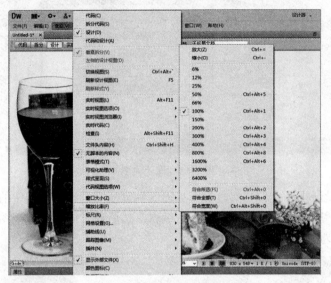

图 2-16 设置缩放比率

窗口大小显示了当前文档可显示部分的大小，单击右侧的下拉按钮，在弹出的列表中选择"编辑大小"选项，弹出如图 2-17 所示的"首选参数"对话框，可以自定义显示区的大小。需要注意的是，显示区的大小不能大于显示器分辨率的大小。

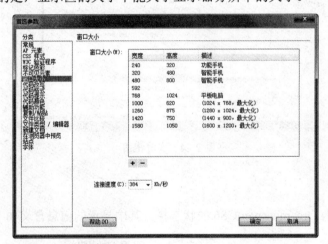

图 2-17 "首选参数"对话框

文档大小和下载时间说明了当前文档的大小和估计的下载时间。Unicode（UTF-8）显示当前的编码格式是 UTF-8。

五、"属性"面板

单击"窗口"|"属性"命令，可以显示或隐藏"属性"面板。一般情况下，"属性"

面板默认显示在文档的下方,如图 2-18 所示。根据当前选择的元素或内容的不同,"属性"面板中所显示的属性也不同。

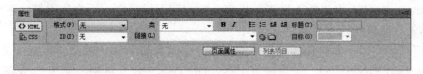

图 2-18 "属性"面板

当在文档窗口中选中表格时,"属性"面板如图 2-19 所示。

图 2-19 表格"属性"面板

当在文档中选中图片时,"属性"面板如图 2-20 所示。

图 2-20 图片"属性"面板

六、面板组

Dreamweaver CS6 将各种工具面板集成到面板组中,如"插入"面板、"行为"面板、"CSS 样式"面板等,如图 2-21 所示。用户可以根据自己的需要选择隐藏或显示面板。

单击"窗口"|"文件"命令,将展开"文件"面板,如图 2-22 所示。

图 2-21 面板组   图 2-22 "文件"面板

七、“插入”面板

Dreamweaver CS6 将“插入”工具栏整合在右侧面板组中，用户使用起来更为灵活、方便。“插入”面板按以下形式进行组织：

“常用”类别用于创建和插入常用的对象，如图像和 Flash 等，如图 2-23 所示。“布局”类别主要用于网页布局，可以插入表格、Div 标签、层和框架，如图 2-24 所示。

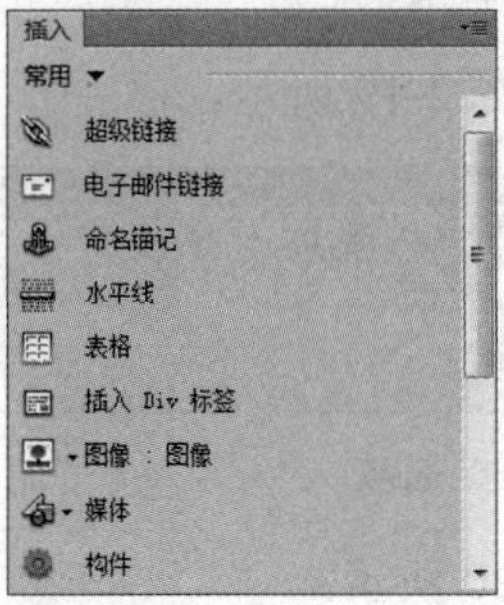

图 2-23 “常用”类别

图 2-24 “布局”类别

“表单”类别用于创建表单和插入表单元素，如图 2-25 所示。“数据”类别用于插入 Spry 数据对象和其他动态元素，如记录集、重复区域、显示区域，以及插入和更新记录等，如图 2-26 所示。

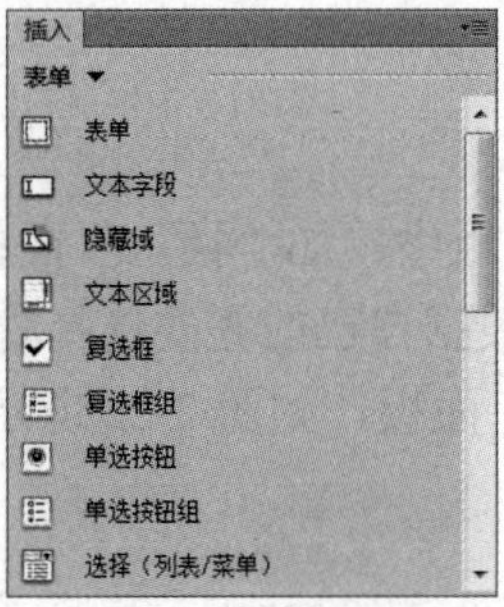

图 2-25 “表单”类别

图 2-26 “数据”类别

Spry 类别包含一些用于构建 Spry 页面的按钮，如 Spry 文本域、Spry 菜单栏等，如图 2-27 所示。“文本”类别用于插入各种文本格式设置标签和列表格式设置标签，如图 2-28 所示。“收藏夹”类别用于将“插入”栏中最常用的按钮分组和组织到某一常用位置，如图 2-29 所示。

图 2-27 Spry 类别

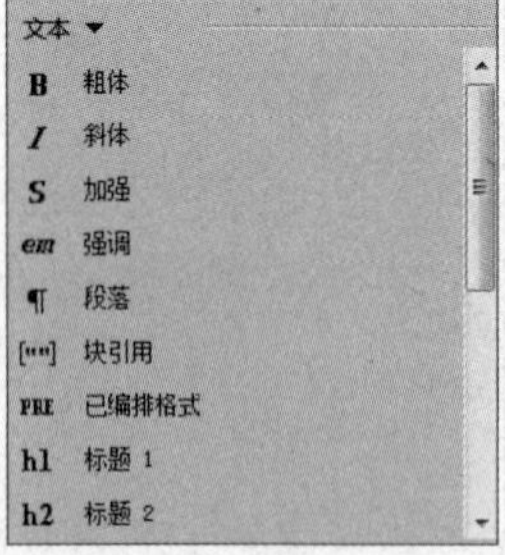

图 2-28 “文本”类别

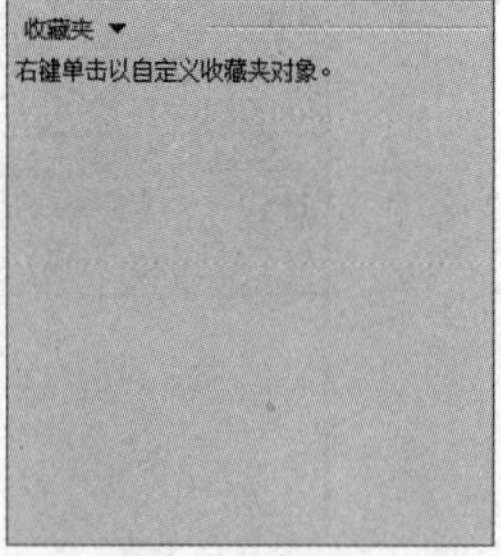

图 2-29 “收藏夹”类别

任务二　网页文档的基本操作

任务概述

在 Dreamweaver 中创建文档是制作网页最基本的一个操作，使用 Dreamweaver 既可以创建空白页和空白模板，还可以创建基于模板的页面。

任务重点与实施

一、创建空白文档

创建空白文档有两种方法，一种是在起始页中创建，另一种是使用命令创建。

1. 在起始页中创建空白文档

在起始页中创建空白文档的具体操作方法如下：

Step 01　启动 Dreamweaver，在打开的起始页中单击"新建"栏中的 HTML 选项，如图 2-30 所示。

Step 02　此时，即可创建一个空白文档，如图 2-31 所示。

图 2-30　单击 HTML 选项

图 2-31　创建空白文档

2. 使用命令创建空白文档

使用"新建"命令创建空白文档的具体操作方法如下：

Step 01　单击"文件"|"新建"命令，如图 2-32 所示。

Step 02　弹出"新建文档"对话框，选择"空白页"和文档类型，然后单击"创建"按钮，即可创建一个空白文档，如图 2-33 所示。

图 2-32 单击"新建"命令

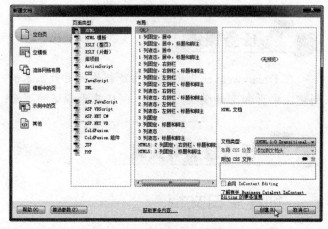

图 2-33 "新建文档"对话框

二、保存与关闭网页文档

保存和关闭网页文档是制作网页中一个重要的操作，下面将介绍如何保存和关闭网页文档。

1. 保存网页文档

网页文档经过修改后应及时存储文档，以使修改操作生效，具体操作方法如下：

Step 01 在网页文档中插入图像后，单击"文件"|"保存"命令，如图 2-34 所示。

Step 02 弹出"另存为"对话框，选择路径并输入文件名，然后单击"保存"按钮，如图 2-35 所示。

图 2-34 单击"保存"命令

图 2-35 "另存为"对话框

2．关闭正在编辑的文档

关闭正在编辑的文档的具体操作方法如下：

Step 01 在要关闭的文档窗口中单击"文件"|"关闭"命令，如图 2-36 所示。

Step 02 弹出提示信息框，单击"是"按钮保存文档，单击"否"按钮则不保存文档，如图 2-37 所示。

图 2-36　单击"关闭"命令

图 2-37　选择是否保存更改

三、打开网页文档

打开现有文档也有多种方法，下面将介绍几种常用的打开操作。

启动 Dreamweaver CS6，显示起始页。如果在"打开最近的项目"栏中列出了需要打开的文档，则直接单击文档名即可。

在 Dreamweaver CS6 已经启动的情况下，单击"文件"|"打开"命令，弹出"打开"对话框，选择需要打开的文档，然后单击"打开"按钮即可，如图 2-38 所示。

图 2-38　"打开"对话框

四、预览网页

在 Dreamweaver 中制作网页时，可以随时在浏览器中进行浏览，以便查看预览当前网页的效果，具体操作方法如下：

Step 01 单击"在浏览器中预览/调试"按钮，在弹出的下拉列表中选择"预览在 IExplore"选项，如图 2-39 所示。

Step 02 此时，即可在浏览器中查看当前网页效果，如图 2-40 所示。

图 2-39　选择"预览在 IExplore"选项

图 2-40　查看网页效果

任务三　站点的创建

任务概述

制作网页之前，一般先在本地创建一个站点，这个站点实际上就是一个文件夹，将与制作网页有关的文件都放在此文件夹中。需要注意的是，要把不同类型的文件放到不同的文件夹下，例如，images 文件夹用于存放图像文件，素材文件夹用于存放素材。下面将介绍如何利用 Dreamweaver 创建一个站点目录，并对创建的站点进行设置。

任务重点与实施

一、创建站点

在 Dreamweaver 中创建站点非常简单，创建本地站点的方法如下：

Step 01 启动 Dreamweaver CS6，单击"站点"|"新建站点"命令，如图 2-41 所示。

Step 02 在弹出对话框的左侧选择"站点"选项，在右侧设置站点名称，然后单击"浏览文件夹"按钮，如图 2-42 所示。

图 2-41 单击"新建站点"命令

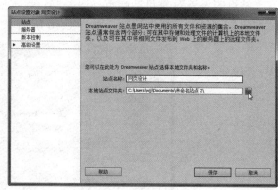

图 2-42 设置站点名称

Step 03 弹出"选择根文件夹"对话框，设置站点存储路径，然后单击"选择"按钮，如图 2-43 所示。

Step 04 返回"站点设置对象"对话框，单击"保存"按钮，如图 2-44 所示。

图 2-43 "选择根文件夹"对话框

图 2-44 "站点设置对象"对话框

Step 05 单击"窗口"|"文件"命令，打开"文件"面板，可以看到创建的站点文件，如图 2-45 所示。

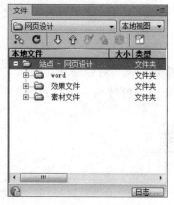

图 2-45 查看站点文件

二、设置站点

站点的设置对象包括站点、服务器、版本控制和高级设置 4 个类别，其中高级设置下拉按钮中又包括了 8 个选项，如图 2-46 所示。

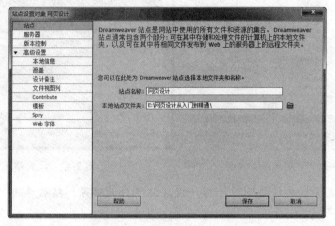

图 2-46 "站点设置"对话框

> **本地信息：**用于设置本地站点的基本信息。
> **设计备注：**提供与文件相关联的备注信息，单独存储在独立文件中。可以使用该功能来记录与文档关联的其他文件信息。
> **遮盖：**用于设置"遮盖"功能，该功能能够实现在执行"获取"或"上传"等操作时，排除本地或服务器上的特定文件或文件夹的效果。
> **文件视图列：**主要用于设置在"文件"窗口中各文件需要显示的信息。
> **模板：**用于设置站点模板在执行更新操作时是否重新设置模板文件中链接文档的相对路径。
> **Web 字体：**用于设置站点使用的特殊字体的存放路径。

任务四　站点的管理

在 Dreamweaver CS6 的"管理站点"对话框中，可以实现对站点的编辑、删除、复制、导入和导出操作。下面将详细介绍如何对站点进行管理。

一、删除站点

单击"站点"|"管理站点"命令，弹出"管理站点"对话框。单击"删除当前选择的

站点"按钮 ，即可对不再使用的站点执行删除操作。需要注意的是，该操作仅能在 Dreamweaver CS6 中清除该站点信息，不能删除站点中的实际文件，如图 2-47 所示。

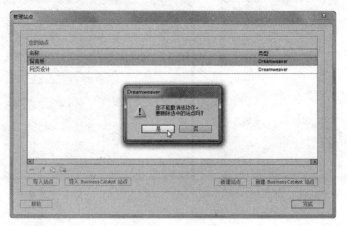

图 2-47   删除站点

二、编辑站点

通过编辑站点可以实现对站点信息的修改，具体操作方法如下：

Step 01 打开"管理站点"对话框，单击"编辑当前选定的站点"按钮 ，如图 2-48 所示。

Step 02 弹出"站点设置对象"对话框，可对站点信息进行重新设置，然后单击"保存"按钮，如图 2-49 所示。

图 2-48   单击"编辑当前选定的站点"按钮

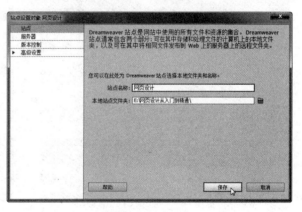

图 2-49   "站点设置对象"对话框

三、复制站点

在"管理站点"对话框中，如果要创建多个结构相同的站点，单击"复制当前选定的站点"按钮 ，即可实现对选中站点的复制，如图 2-50 所示。

默认情况下，复制站点的存储路径和源站点路径一致。如果想要修改站点的存储路径，可在"管理站点"对话框中双击复制的站点名称，弹出"站点设置对象"对话框，在"本地站点文件夹"文本框中即可设置存储路径，如图 2-51 所示。

图 2-50 "管理站点"对话框

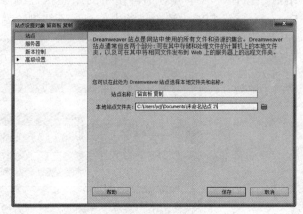

图 2-51 "站点设置对象"对话框

四、导出站点

在"管理站点"对话框中导出站点，可将当前站点配置文件（*.ste）导出到指定路径下，具体操作方法如下：

Step 01 选中要导出的站点，然后单击"导出当前选定的站点"按钮，如图 2-52 所示。

Step 02 弹出"导出站点"对话框，设置保存路径和文件名，然后单击"保存"按钮，如图 2-53 所示。

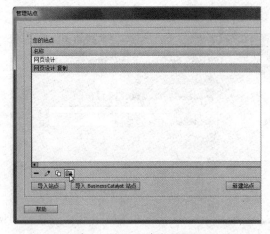

图 2-52 单击"导出当前选定的站点"按钮

图 2-53 "导出站点"对话框

五、导入站点

在"管理站点"对话框中导入站点，可以将站点的配置文件导入到 Dreamweaver 中，具体操作方法如下：

Step 01 在"管理站点"对话框中单击"导入站点"按钮，如图 2-54 所示。

Step 02 选择要导入的站点配置文件，然后单击"打开"按钮，如图 2-55 所示。

图 2-54 "管理站点"对话框   图 2-55 选择站点配置文件

Step 03 此时，站点文件重新导入到站点中，单击"完成"按钮，如图 2-56 所示。

Step 04 单击"文件"面板选项，即可查看导入站点的文件信息，如图 2-57 所示。

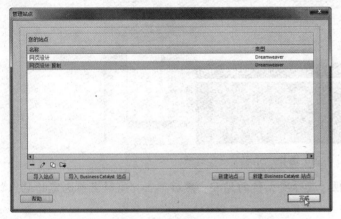

图 2-56 完成站点导入   图 2-57 查看导入站点文件信息

任务五 站点的上传与下载

 任务概述

在 Dreamweaver CS6 中，通过执行站点的上传与下载，可以很轻松地完成站点的上传和下载操作。

 任务重点与实施

在 Dreamweaver CS6 中上传和下载站点的具体操作方法如下：

Step 01 启动 Dreamweaver CS6，单击"窗口"|"文件"命令，如图 2-58 所示。

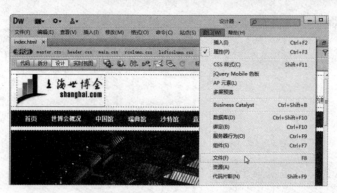

图 2-58　单击"文件"命令

Step 02　在"文件"面板中单击站点下拉按钮，在弹出的下拉列表中选择"管理站点"选项，如图 2-59 所示。

图 2-59　选择"管理站点"选项

Step 03　弹出"管理站点"对话框，选择要上传的站点，然后单击"编辑当前选定的站点"按钮 ✐，如图 2-60 所示。

Step 04　弹出"站点设置对象"对话框，在左侧选择"服务器"选项，在右侧单击"添加新服务器"按钮 ✚，如图 2-61 所示。

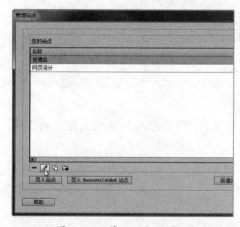

图 2-60　"管理站点"对话框

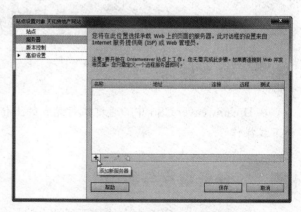

图 2-61　"站点设置对象"对话框

Step 05　设置"连接方式"为 FTP，输入 FTP 地址、用户名和密码，然后单击"保存"按钮，如图 2-62 所示。

Step 06 在"文件"面板中单击"连接到远程服务器"按钮，如图 2-63 所示。

图 2-62　设置基本选项

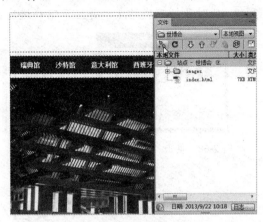

图 2-63　单击"连接到远程服务器"按钮

Step 07 连接成功后，在"文件"面板中单击"向远程服务器上传文件"按钮，如图 2-64 所示。

Step 08 弹出提示信息框，单击"确定"按钮，如图 2-65 所示。

图 2-64　单击"向远程服务器上传文件"按钮

图 2-65　确认上传站点

Step 09 此时，开始上传站点，并显示上传进度，如图 2-66 所示。

Step 10 在"文件"面板中单击"从远程服务器获取文件"按钮，如图 2-67 所示。

图 2-66　上传站点

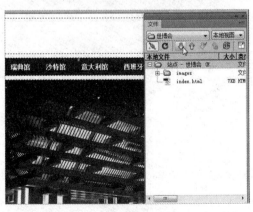

图 2-67　单击"从远程服务器获取文件"按钮

Step 11 弹出提示信息框，单击"确定"按钮，即可下载整个站点，如图 2-68 所示。

Step 12 此时开始下载站点，并显示下载进度，如图 2-69 所示。

图 2-68　单击"确定"按钮

图 2-69　下载站点

项目小结

通过本项目的学习，读者应重点掌握以下知识：

（1）Dreamweaver CS6 的工作界面主要包括菜单栏、文档工具栏、文档窗口、"属性"面板和面板组。

（2）在"文件"菜单中新建和保存网页文档。

（3）在制作网页前应先在电脑中创建一个站点文件夹，以放置与网页有关的文档、素材等。可以通过在菜单栏中单击"站点"|"新建站点"命令来创建站点。

（4）根据需要对创建好的站点进行编辑、复制、导出、导入、删除及连接到服务器等操作。

（5）通过"文件"面板进行站点的上传与下载。

项目习题

（1）练习使用 Dreamweaver CS6 创建并保存网页。

（2）在电脑中创建一个站点，并将所需的网页文件放入站点中。

项目三　创建网页基本对象

项目概述

　　在网页中包含了各种各样的元素，如文本、图像、超链接、Flash 动画和声音等，每种元素都有其他元素无法替代的优势。本项目将根据实际应用的需要，详细介绍如何在网页中插入与编辑各种网页元素。

项目重点

　　◈ 掌握在网页中插入并编辑文本的方法。
　　◈ 掌握在网页中插入图像的方法。
　　◈ 掌握在网页中插入其他多媒体元素的方法。
　　◈ 掌握在网页中创建各种超链接的方法。

项目目标

　　◉ 能够插入各种网页元素来丰富网页内容。
　　◉ 能够根据需要创建各种超链接。

任务一　在网页中插入文本

任务概述

　　文本作为信息传播的主要符号，在网页中同样是信息传播的主要方式。文本占用的空间非常小，因此在网络中传输速度非常快。下面将详细介绍如何插入文本。

任务重点与实施

一、输入各种文本

　　下面将详细介绍如何输入各种文本，其中包括输入文字，导入外部文档数据，以及添加特殊符号等。

1.输入文字

在 Dreamweaver 中添加文本的方法有很多，其中最直接的方法是输入文本，如图 3-1 所示。

也可以从其他程序中复制或剪切一些文本，直接粘贴到 Dreamweaver CS6 文档窗口中。

图 3-1　输入文本

2.导入外部文档数据

若要在网页中导入 Word 文档中的数据，可以进行以下操作：

Step 01 打开素材文件"daorushuju\wz sc.html"，单击"文件"|"导入"|"Word 文档"命令，如图 3-2 所示。

Step 02 在弹出的对话框中选择要导入的 Word 文档，然后单击"打开"按钮，如图 3-3 所示。

图 3-2　单击"Word 文档"命令

图 3-3　选择要导入的文档

Step 03 返回网页编辑窗口，查看导入的 Word 文档数据，如图 3-4 所示。

图 3-4　查看导入文档数据

3．添加特殊符号

Dreamweaver CS6 提供了丰富的特殊字符插入功能，可以插入如注册商标、版权、货币等特殊符号。在网页中添加特殊符号的操作方法如下：

Step 01 打开素材文件"teshufuhao\bq sc.html"，将光标置于要插入特殊符号的位置，然后在"插入"面板"文本"类别中单击"字符"下拉按钮，选择"版权"选项，如图 3-5 所示。

Step 02 此时，即可在文档中插入一个版权符号，效果如图 3-6 所示。

图 3-5　选择"版权"选项

图 3-6　插入版权符号

二、编辑文本属性

当文档中的文字较多时，为了网页的整体美观，需要对文本进行编辑。下面将分别介绍如何设置文本格式，以及如何设置段落格式等。

1．设置文本格式

当在网页中添加文本后，为了让整个页面看起来更有条理、更美观，需要对其进行格式设置。使用"属性"面板来设置文本格式的具体操作方法如下：

Step 01 打开素材文件"shezhiwenbengeshi\geshi sucai.html"，将光标定位在文本中，在"属性"面板中单击 ⌐ CSS 按钮，设置"字体"为黑体，如图 3-7 所示。

Step 02 设置字体"大小"为 16，如图 3-8 所示。

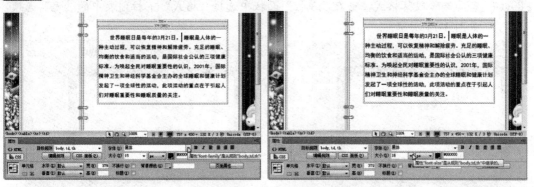

图 3-7　设置字体　　　　　　　　　　图 3-8　设置字体大小

Step 03 单击 ■ 按钮，选择所需的文本颜色，如图 3-9 所示。

Step 04 应用颜色设置后，此时的文本效果如图 3-10 所示。

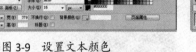

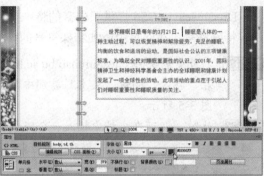

图 3-9　设置文本颜色　　　　　　　　图 3-10　查看文本效果

2. 设置段落格式

设置网页文本的段落格式的，具体操作方法如下：

Step 01 打开素材文件 "duanluogeshi\duanluogeshi_sucai.html"，将光标定位在第一行文档中，在"属性"面板中单击 `<>HTML` 按钮，如图 3-11 所示。

Step 02 在"格式"下拉列表中选择"标题 1"选项，其显示效果如图 3-12 所示。

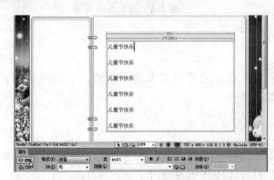

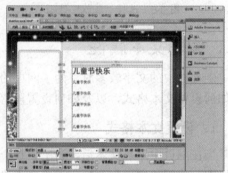

图 3-11　单击 HTML 按钮　　　　　　　图 3-12　选择"标题 1"选项

Step 03 用同样的方法分别把"标题 2"～"标题 6"应用在第 2 行~第 6 行文档中，效果如图 3-13 所示。

Step 04 若要删除段落格式，可在"属性"面板中选择"格式"下拉列表中的"无"选项，如图 3-14 所示。

图 3-13　设置段落格式　　　　　　　　图 3-14　删除段落格式

任务二　在网页中插入图像

任务概述

　　我们在浏览网页时经常看到各种类型的图像，这些图像在传递信息的同时又美化了网页，所以图像是网页中必不可少的元素之一。网页中图像的格式通常有 3 种，即 GIF、JPEG和 PNG。漂亮的图像会使网页更加美观，同时引起浏览者的兴趣。下面将详细介绍如何在网页中插入图像。

任务重点与实施

一、插入图像

　　在网页中插入图像，具体的操作方法如下：

Step 01　打开素材文件"charutuxiang\tx sucai.html"，将光标定位在要插入图像的位置，单击"插入"|"图像"命令，如图 3-15 所示。

Step 02　弹出"选择图像源文件"对话框，选择要插入的图像，然后单击"确定"按钮，如图 3-16 所示。

图 3-15　单击"图像"命令

Step 03　此时，即可在网页中插入所选的图像，调整图像的大小，效果如图 3-17 所示。

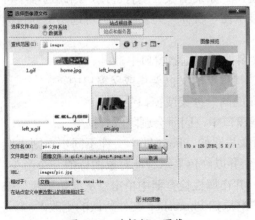

图 3-16　选择插入图像

图 3-17　调整图像大小

Step 04　插入图像后，Dreamweaver 会自动在 HTML 源代码中生成对应该图像文件的引用，如图 3-18 所示。

　　为了确保引用的正确性，该图像文件必须位于当前站点中。如果图像文件不在当前站点中，Dreamweaver 会询问是否要将此文件复制到当前站点中，如图 3-19 所示。

图 3-18 查看图像代码   图 3-19 询问是否复制文件到当前站点

二、设置图像属性

选中图像，单击"窗口"|"属性"命令，即可打开"属性"面板。在 Dreamweaver 中可以通过"属性"面板设置图像的基本属性，如图 3-20 所示。

图 3-20 "属性"面板

➢ **编辑**：该选项区包括多个按钮，利用这些按钮可以对图像进行相应的编辑操作。

➢ **地图名称和热点工具**：用于标注和创建客户端图像地图。

➢ **目标**：指定链接页应加载到的框架或窗口。如果图像上没有链接，则此选项不可用。当前框架集中所有框架的名称都显示在"目标"列表中，也可选用下列目标链接。

  _blank：将链接的文件加载到一个未命名的新浏览器窗口中。

  _parent：将链接的文件加载到含有该链接框架的父框架集或父窗口中。

  _self：将链接的文件加载到该链接所在的同一框架或窗口中。

  _top：将链接的文件加载到整个浏览器窗口中，因而会删除所有框架。

➢ **原始**：如果 Dreamweaver 页面上的图像与原始 Photoshop 文件不同步，则表明 Dreamweaver 检测到原始文件已经更新，并以红色显示智能对象图标的一个箭头。当在"设计"视图中选择该 Web 图像，并在属性检查器中单击"从原始更新"按钮时，该图像将自动更新，以反映用户对原始 Photoshop 文件所做的更改。

➢ **编辑图像设置**：用于打开"图像优化"对话框，并优化图像。

➢ **裁剪**：用于裁剪图像，从所选图像中删除不需要的区域。

➢ **重新取样**：用于对已调整大小的图像进行重新取样，提高图片在新的大小和形状下的品质。

三、调整图像的大小

调整图像大小的方法有两种：一种是以可视化的形式用鼠标操作进行调整，另一种是在"属性"面板中进行调整。

1. 利用鼠标调整图像大小

利用鼠标调整图像大小的具体操作方法如下：

Step 01 选中文档中的图片，此时在图像边框上显示控制点，如图 3-21 所示。

Step 02 用鼠标拖动图像边框上的控制点来改变图像的大小，如图 3-22 所示。

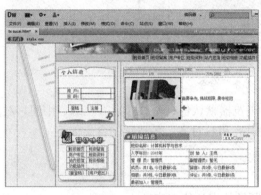
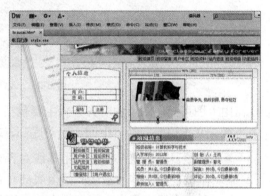

图 3-21　选中图片　　　　　　　　　　图 3-22　拖动控制点调整图像大小

2. 在"属性"面板中调整图像大小

在"属性"面板中调整图像大小的具体操作方法如下：

Step 01 选中网页文档中的图片，如图 3-23 所示。

Step 02 在"属性"面板中设置图像的宽度和高度，如图 3-24 所示。

图 3-23　选中图片　　　　　　　　　　图 3-24　设置图像宽度和高度

四、设置图像的对齐方式

在文档中插入图像后，如果不设置图像的对齐方式，页面会显得很混乱，这时可以通过设置图像的对齐方式来调整图像的位置，使图像与同一行中的文本，另一个图像、插件或其他元素对齐。

选中图像并右击，在弹出的快捷菜单中选择"对齐"命令，如图 3-25 所示。

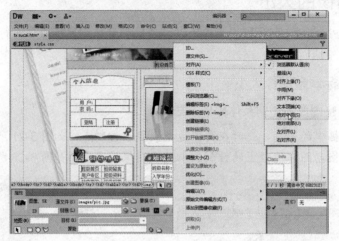

图 3-25 选择"对齐"命令

由上图可知，图像的对齐方式主要包括：浏览器默认值、基线、对齐上缘、中间、对齐下缘、文本顶端、绝对中间、绝对底部、左对齐和右对齐。各选项的含义如下：

- ➤ **浏览器默认值：** 通常采用基线对齐方式。
- ➤ **基线：** 将文本的基线同图像底部对齐。
- ➤ **对齐上缘：** 将文本第一行中的文字与图像的上边缘对齐。
- ➤ **中间：** 将第一行中的文字与图像的中间位置对齐。
- ➤ **对齐下缘：** 将文本行基线同图像的底部对齐，与选择"基线"效果相同。
- ➤ **文本顶端：** 将文本行中最高字符同图像的顶端对齐，与选择"对齐上缘"效果相似。
- ➤ **绝对中间：** 将文本行的中部同图像的中部对齐，与"中间"效果相似。
- ➤ **绝对底部：** 将文本行的绝对底部同图像的底部对齐。
- ➤ **左对齐：** 图像将基于全部文本的左侧对齐。
- ➤ **右对齐：** 图像将基于全部文本的右侧对齐。

任务三　图像编辑器的使用

任务概述

使用图像编辑器既可以在 Photoshop 中编辑图像，也可以在 Dreamweaver 中直接对图像进行裁剪、调整亮度与对比度的操作。

任务重点与实施

在 Dreamweaver 文档中选中图像后，在"属性"面板中就可以对图像进行编辑了，如图 3-26 所示。

图 3-26 "属性"面板

图像编辑工具主要包括以下几种:

- ➤ **Ps**: 在 Photoshop CS6 中打开选定的图像并进行编辑。
- ➤ **⚲**: 编辑图像设置工具。
- ➤ **◹**: 裁剪工具。
- ➤ **⧉**: 重新取样工具。
- ➤ **◐**: 亮度和对比度工具。
- ➤ **△**: 锐化工具。

一、裁剪图像

在 Dreamweaver CS6 中,为了强调图像主体,或要删除图像中不需要的部分时,可以使用裁剪工具来裁剪图像。

使用裁剪工具裁剪图像的具体操作方法如下:

Step 01 打开素材文件 "caijian\city sucai.html",选中要裁剪的图像,然后在"属性"面板中单击"裁剪"按钮◹,如图 3-27 所示。

Step 02 用鼠标调整图像的大小并双击,即可裁剪图像,如图 3-28 所示。

图 3-27　单击"裁剪"按钮

图 3-28　裁剪图像

由于使用 Dreamweaver 裁剪工具裁剪图像时,磁盘源图像的大小也会随着改变,因此需要备份源图像文件,以便在需要恢复到原始图像时使用。

此时可以通过单击"重新取样"按钮⧉,将图像恢复为原来的大小,如图 3-29 所示。

图 3-29　单击"重新取样"按钮

二、调整图像亮度和对比度

亮度和对比度工具用于调整图像中像素的亮度和对比度,使用此工具可以修正过暗或者过亮的图像,具体操作方法如下:

Step 01 选中图像，在"属性"面板中单击"亮度和对比度"按钮◐，如图 3-30 所示。

Step 02 弹出"亮度/对比度"对话框，设置亮度和对比度，选中"预览"复选框，然后单击"确定"按钮，如图 3-31 所示。

图 3-30　单击"亮度和对比度"按钮

图 3-31　设置亮度和对比度

三、锐化图像

锐化工具是通过增加对象边缘像素的对比度来增加图像的清晰度或锐度。在 Dreamweaver 中锐化图像的具体操作方法如下：

Step 01 选中图像，然后在"属性"面板中单击"锐化"按钮△，如图 3-32 所示。

Step 02 弹出"锐化"对话框，设置"锐化"为 6，选中"预览"复选框，然后单击"确定"按钮，如图 3-33 所示。

图 3-32　单击"锐化"按钮

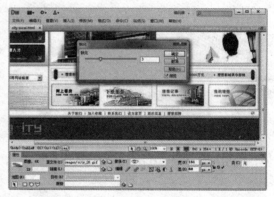

图 3-33　设置图像锐化

任务四　其他多媒体元素的插入

任务概述

为了增强网页的魅力，几乎所有的网页上都或多或少地添加图像与多媒体对象，这样可以使网页更加吸引人。下面将详细介绍如何在网页中插入其他多媒体元素。

任务重点与实施

一、插入图像占位符

在设计网页时，布局表格中的单元格可根据其中的内容改变大小，有时内容太长，会让其他暂时无内容的单元格布局改变。若不想让这种情况发生，就要插入图像占位符，暂时让区域中有内容。

插入图像占位符的具体操作方法如下：

Step 01 打开素材文件 "zhanweifu\zhanweifu sucai.html"，将光标置于要插入图像占位符的位置，如图 3-34 所示。

Step 02 单击 "插入" | "图像对象" | "图像占位符" 命令，如图 3-35 所示。

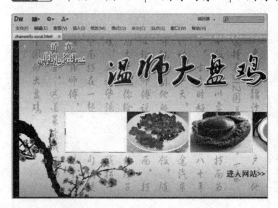

图 3-34　定位光标　　　　　　　　图 3-35　单击 "图像占位符" 命令

Step 03 弹出 "图像占位符" 对话框，设置相关属性，然后单击 "确定" 按钮，如图 3-36 所示。

Step 04 此时，即可查看在网页文档中插入的图像占位符，效果如图 3-37 所示。

图 3-36　设置图像占位符　　　　　　图 3-37　查看插入的图像占位符

二、插入鼠标经过图像

在创建鼠标经过图像时，必须在打开的 "插入鼠标经过图像" 对话框中设置 "原始图像" 和 "鼠标经过图像" 选项。插入鼠标经过图像的具体操作方法如下：

Step 01 打开素材文件，将光标置于插入鼠标经过图像的位置，如图 3-38 所示。

Step 02 单击"插入"|"图像对象"|"鼠标经过图像"命令，如图 3-39 所示。

图 3-38　定位光标　　　　　　　　　　　图 3-39　单击"鼠标经过图像"命令

Step 03 弹出"插入鼠标经过图像"对话框，单击"原始图像"文本框右侧的"浏览"按钮，如图 3-40 所示。

Step 04 弹出"原始图像"对话框，选择原始图像，然后单击"确定"按钮，如图 3-41 所示。

图 3-40　"插入鼠标经过图像"对话框　　　　　图 3-41　选择原始图像

Step 05 单击"鼠标经过图像"文本框右侧的"浏览"按钮，如图 3-42 所示。

Step 06 弹出"鼠标经过图像"对话框，选择鼠标经过时显示的图像，如图 3-43 所示。

图 3-42　单击"浏览"按钮　　　　　　　　图 3-43　选择鼠标经过图像

Step 07 按【Ctrl+S】组合键保存网页文档，按【F12】键进行预览，鼠标经过前图像效果
如图 3-44 所示。

Step 08 当鼠标指针经过图像时，图像显示效果如图 3-45 所示。

图 3-44　鼠标经过前图像效果　　　　　　图 3-45　鼠标经过图像时图像效果

三、插入 Flash 动画

　　Flash 动画是目前网上最流行的动画格式之一，它使原本静态的网页显得更加有活力。
在 Dreamweaver CS6 中可以将制作好的 Flash 动画直接插入到网页文档中，具体操作方法
如下：

Step 01 打开素材文件 "Flash\Flash sc.html"，将光标定位于要插入 Flash 动画的位置，然
后单击 "插入" | "媒体" |SWF 命令，如图 3-46 所示。

Step 02 弹出 "选择 SWF" 对话框，选择要插入的动画，然后单击 "确定" 按钮，如图 3-47
所示。

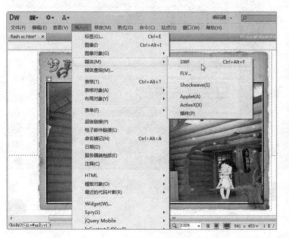

图 3-46　单击 SWF 命令　　　　　　　　图 3-47　选择插入动画

Step 03 在 "属性" 面板中设置 "宽度" 为 600，"高度" 为 310，Wmode 为 "透明"，如
图 3-48 所示。

Step 04 按【Ctrl+S】组合键保存网页，按【F12】键进行预览，如图 3-49 所示

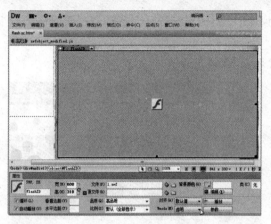

图 3-48 设置动画属性

图 3-49 预览动画效果

四、插入背景音乐

背景音乐是在加载页面时自动播放预先设置的音频，可以预先设定播放一次或重复播放等属性。在页面中添加背景音乐可以突出网页的情调，增强网页环境氛围。下面将介绍两种插入背景音乐的方法。

1. 在"代码"视图中添加代码

在"代码"视图中添加代码插入背景音乐的方法如下：

Step 01 将文档视图切换到"代码"视图，如图 3-50 所示。

Step 02 在\<body\>标签下添加代码"\<bgsound src="林海 - 海鸟.mp3" loop="5"/\>"，如图 3-51 所示。

图 3-50 "代码"视图

图 3-51 添加代码

2. 利用标签选择器添加背景音乐

利用标签选择器添加背景音乐的方法如下：

Step 01 选择"插入"面板，在"常用"类别中单击"标签选择器"按钮，如图 3-52 所示。

Step 02 弹出"标签选择器"对话框，双击"HTML 标签"中的 bgsound 选项，如图 3-53 所示。

图 3-52 单击"标签选择器"按钮

图 3-53 双击 bgsound 选项

Step 03 在弹出的"标签编辑器"对话框中设置背景音乐的源、循环次数等属性，然后单击"确定"按钮，如图 3-54 所示。

Step 04 此时，在源代码中插入代码：<bgsound src="林海 - 海鸟.mp3" loop="5"/>，如图 3-55 所示。

图 3-54 "标签编辑器"对话框

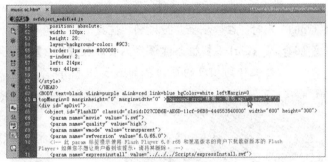

图 3-55 查看代码

任务五 在网页中创建超链接

任务概述

超链接是指从一个网页指向一个目标的链接关系，这个目标可以是另一个网页，也可以是相同网页上的不同位置，还可以是一张图片、一个电子邮件地址、一个文件，甚至是一个应用程序。下面将学习如何在网页中创建超链接。

任务重点与实施

一、创建图像链接

图像超链接就是为图像添加超链接，使其指向其他的网页文件。创建图像链接的具体操作方法如下：

Step 01 打开素材文件"tuxianglj\pl sc.html",选中图像,在"属性"面板中单击"链接"文本框右侧的"浏览文件"按钮□,如图 3-56 所示。

Step 02 弹出"选择文件"对话框,选择所要链接的文件,然后单击"确定"按钮,如图 3-57 所示。

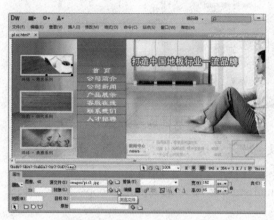

图 3-56 单击"浏览文件"按钮　　　　　　　　图 3-57 选择要链接的文件

Step 03 此时,在"属性"面板的"链接"文本框中可以看到创建的链接,如图 3-58 所示。

Step 04 按【Ctrl+S】组合键保存网页,按【F12】键进行预览。在浏览器中单击图片,就会跳转到相应的页面,如图 3-59 所示。

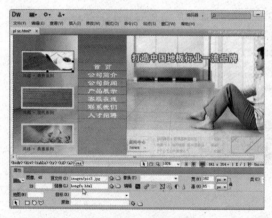

图 3-58 查看链接　　　　　　　　　　　图 3-59 跳转到链接页面

二、创建图像热点链接

同一个图像的不同部分可以链接到不同的文档,这就是热点链接。要使图像特定部分成为超链接,就要在图像中设置热点,然后创建链接。

创建图像热点链接的具体操作方法如下:

Step 01 选中图像,在"属性"面板中单击"矩形热点工具"按钮□,如图 3-60 所示。

Step 02 在图像上绘制一块矩形热区,如图 3-61 所示。

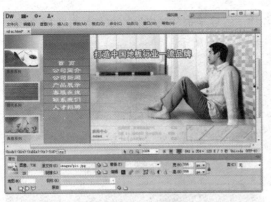

图 3-60 单击"矩形热点工具"按钮

图 3-61 绘制矩形热区

Step 03 在"属性"面板中单击"链接"文本框右侧的"浏览"按钮🗀，在弹出的对话框中选择图像"tuxianglj\images\tup.jpg"，单击"确定"按钮，按【Ctrl+S】组合键保存网页，如图 3-62 所示。

Step 04 按【F12】键进行预览，当鼠标指针变成手形时单击鼠标左键，页面就会跳转到链接的页面，如图 3-63 所示。

图 3-62 单击"浏览"按钮

图 3-63 跳转到链接页面

三、创建锚点链接

有时网页很长，为了找到其中的目标，需要上下拖动滚动条将整个网页的内容浏览一遍，这样就浪费了很多时间。利用锚点链接能够让访问者准确、快速地浏览到指定的位置。

创建锚点链接的操作方法如下：

Step 01 打开素材文件"md sc.html"，将光标置于要创建锚点的位置，单击"插入" | "命名锚记"命令，如图 3-64 所示。

图 3-64 单击"命名锚记"命令

Step 02 弹出"命名锚记"对话框，输入锚记名称，然后单击"确定"按钮，如图 3-65 所示。

Step 03 此时，即可查看添加锚记后的效果，如图 3-66 所示。

图 3-65　输入锚记名称　　　　　　　　　　图 3-66　查看锚记效果

Step 04 在编辑窗口中选中要链接到的锚点文字或其他对象，在"属性"面板的"链接"文本框中输入"#top"，如图 3-67 所示。

Step 05 按【Ctrl+S】组合键保存网页文档，按【F12】键进行预览。单击顶部图片，就会跳转到底部信息，如图 3-68 所示。

图 3-67　输入"#top"　　　　　　　　　　图 3-68　查看设置效果

四、创建 E-mail 链接

在网页上单击电子邮件链接时，将运行邮件程序打开一个新的空白邮件窗口，提示用户输入消息并将其传送到指定的地址。

创建电子邮件链接的具体操作方法如下：

Step 01 打开素材文件"E-mail sc.html"，选中要创建电子邮件链接的对象，然后单击"插入"|"电子邮件链接"命令，如图 3-69 所示。

Step 02 弹出"电子邮件链接"对话框，设置文本和电子邮件地址，然后单击"确定"按钮，如图 3-70 所示。

图 3-69　单击"电子邮件链接"命令

图 3-70　设置文本和电子邮件地址

Step 03 按【Ctrl+S】组合键保存网页文档，按【F12】键进行预览。单击"联系我们"文本链接，如图 3-71 所示。

Step 04 此时，就会弹出邮件编辑窗口，如图 3-72 所示。

图 3-71　单击"联系我们"文本链接

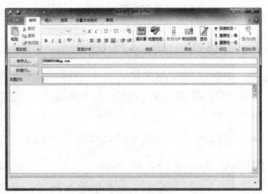

图 3-72　邮件编辑窗口

五、创建脚本链接

　　脚本超链接用于执行 JavaScript 代码或调用 JavaScript 函数，它非常有用，能够在不离开当前网页文档的情况下为访问者提供有关某项的附加消息。脚本超链接还可以用于访问者单击特定项时执行计算、表单验证和其他处理任务。

　　下面以创建关闭网页脚本超链接为例进行介绍，具体操作方法如下：

Step 01 打开素材文件"jb sc.html"，输入文本"关闭窗口"并将其选中，如图 3-73 所示。

图 3-73　输入文本

Step 02 在【属性】面板的"链接"文本框中输入 javascript:window.close()，并按【Ctrl+S】组合键保存网页，如图 3-74 所示。

Step 03 按【F12】键在浏览器中预览，单击"关闭窗口"超链接，就会弹出提示信息框，如图 3-75 所示。

图 3-74　输入代码　　　　　　　　　　　图 3-75　预览网页效果

六、创建下载文件链接

如果超链接指向的不是一个网页文件，而是其他文件（如 RAR、ZIP、MP3 或 EXE 文件等），单击超链接时就会下载文件。如果在网站中提供下载资料，就需要为文件提供下载链接。

创建下载文件链接的具体操作方法如下：

Step 01 打开素材文件"xzwj sc.html"，选中"理想招聘"文本，然后在"属性"面板中单击"链接"文本框右侧的"浏览文件"按钮□，如图 3-76 所示。

Step 02 弹出"选择文件"对话框，选择要下载的文件，然后单击"确定"按钮，如图 3-77 所示。

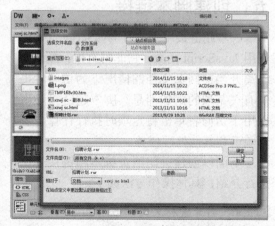

图 3-76　单击"浏览文件"按钮　　　　　　图 3-77　选择下载文件

Step 03 按【Ctrl+S】组合键保存网页，在"属性"面板中查看创建的下载文件超链接，如图 3-78 所示。

Step 04 按【F12】键在浏览器中预览，单击"理想招聘"文本链接，就会弹出"文件下载"对话框，如图 3-79 所示。

图 3-78　查看下载文件超链接　　　　　　　　图 3-79　预览查看效果

七、创建空链接

空链接是一种无指向的链接，使用空链接可以为页面上的对象或文本附加行为。创建空链接的具体操作方法如下：

Step 01 打开素材文件"kong sc.html"，选中"关于我们"文本，然后在"属性"面板的"链接"文本框中输入"#"，如图 3-80 所示。

Step 02 按【Ctrl+S】组合键保存网页文档，按【F12】键在浏览器中预览，效果如图 3-81所示。

图 3-80　输入"#"　　　　　　　　　　　图 3-81　预览查看效果

项目小结

通过本项目的学习，读者应重点掌握以下知识：

（1）在网页中插入文本和图像，并且根据具体的需要对文本和图像属性进行编辑修改。

（2）在网页中插入 Flash、背景音乐、占位符、鼠标经过图像等网页元素，以使网页的内容更加丰富。

（3）在网页中创建图像、热点、锚点、E-mail、脚本、下载文件、空链接等。

项目习题

如何插入鼠标经过图像？

操作提示：

① 打开素材文件 disanzhang\exercise\exercise.html，将光标置于插入鼠标经过图像的位置，如图 3-82 所示。单击"插入"|"图像对象"|"鼠标经过图像"命令，弹出"插入鼠标经过图像"对话框，单击"原始图像"文本框右侧的"浏览"按钮，弹出"原始图像"对话框，选择原始图像"pic3.jpg"，然后单击"确定"按钮，如图 3-83 所示。

图 3-82　定位光标

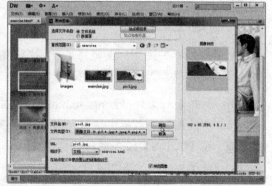
图 3-83　选择原始图像

② 同理，单击"鼠标经过图像"文本框右侧的"浏览"按钮，弹出"鼠标经过图像"对话框，选择鼠标经过时显示的图像"exercise.jpg"，然后单击"确定"按钮，按【Ctrl+S】组合键保存网页文档，按【F12】键进行预览鼠标经过前和经过后图像效果的对比，如图 3-84 和图 3-85 所示。

图 3-84　鼠标经过前

图 3-85　鼠标经过后

项目四 使用表格布局网页

项目概述

表格在网页排版中的用途非常广泛，它除了用于排列文字内容和图像外，还可以用于网页布局。Dreamweaver 提供了非常强大的表格编辑功能，利用表格可以实现各种不同的布局方式。

项目重点

- 了解创建两种表格的基本方法。
- 掌握选择表格和单元格的几种方法。
- 学会如何编辑表格和单元格。
- 了解"属性"面板中表格和单元格的不同设置。

项目目标

- 根据需要能够对表格和单元格进行编辑。
- 通过修改表格和单元格属性来实现网页布局所需要的效果、从而达到视觉最优化。

任务一 表格的创建

任务概述

表格是网页中一个重要的容器元素，它使网页结构紧凑、整齐，使网页内容的显示一目了然。下面将介绍在 Dreamweaver CS6 中表格的基本操作，如新建表格、添加内容等。

任务重点与实施

一、创建表格

表格分为两种：普通表格（无嵌套）和嵌套表格。下面将分别介绍如何创建普通表格和嵌套表格。

1. 创建普通表格

Dreamweaver CS6 中提供了多种插入表格的方法，下面利用"菜单"命令插入表格，具体操作方法如下：

Step 01 打开素材文件 "bg\bg sc.html"，将光标定位到表格的右侧，单击"插入"｜"表格"命令，弹出"表格"对话框，设置表格属性，然后单击"确定"按钮，如图4-1 所示。

Step 02 此时，即可在表格下方插入 1 行 1 列的表格，效果如图 4-2 所示。

图 4-1　设置表格属性　　　　　　　　图 4-2　插入表格效果

除了利用"菜单"命令外，也可以利用"窗口"｜"插入"｜"表格"面板创建表格，在此不再赘述。

2. 创建嵌套表格

在表格中再插入新的表格，称为表格的嵌套。采用这种方式可以创建出复杂的表格布局，这也是网页布局常用的方法之一。

创建嵌套表格的具体操作方法如下：

Step 01 打开素材文件 "qt\qt sc.html"，将光标移到目标单元格中，单击"窗口"｜"插入"命令，在打开的"插入"面板中单击"常用"下拉按钮，选择"表格"选项，弹出"表格"对话框，设置表格的各项属性，单击"确定"按钮，如图4-3 所示。

Step 02 在"属性"面板中设置对齐方式为"居中对齐"，如图4-4 所示。

图 4-3　设置表格属性　　　　　　　　图 4-4　设置对齐方式

二、选择表格

在编辑网页表格时，可以一次选择整个表、行或列，也可以选择一个或多个单独的单元格。当光标移动到表格、行、列或单元格上时，Dreamweaver 将高亮显示选择区域中的所有单元格。

1．选择整个表格

在对表格进行编辑之前，首先要选中它。选择整个表格的方法如下：

方法 1　打开素材文件 "cb\cb sc.html"，单击表格中任意单元格边框线，即可选择整个表格，如图 4-5 所示。

方法 2　在代码视图中选择整个表格代码区域，即<table>和</table>标签之间的代码区域，如图 4-6 所示。

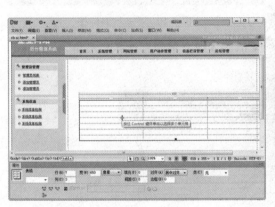

图 4-5　单击"边框线"　　　　　　　　图 4-6　选择"代码区域"

方法 3　将插入点置于表格中，在文档窗口底部单击<table>标签，即可选择整个表格，如图 4-7 所示。

方法 4　右击单元格，在弹出的快捷菜单中选择"表格"|"选择表格"命令，即可选择整个表格，如图 4-8 所示。

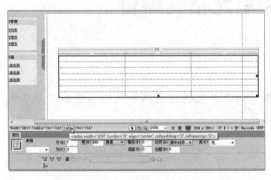

图 4-7　单击<table>标签　　　　　　　图 4-8　选择"选择表格"命令

2．选择一个单元格

若需要选择一个单元格，可以通过以下 3 种方法来实现：

方法1　按住【Ctrl】键的同时单击单元格，即可选中一个单元格，如图4-9所示。

方法2　将插入点置于要选择的单元格内，在窗口底部单击<td>标签，即可将其选中，如图4-10所示。

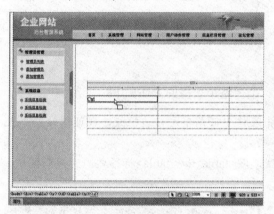

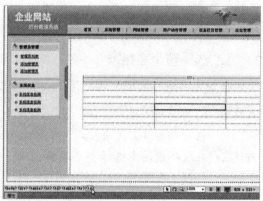

图 4-9　单击单元格　　　　　　　　　　图 4-10　单击<td>标签

方法3　将插入点置于要选择的单元格内，按【Ctrl+A】组合键即可选择单元格，如图4-11所示。

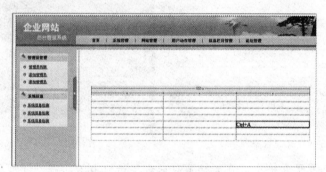

图 4-11　按【Ctrl+A】组合键

任务二　表格和单元格的编辑

　　在创建表格后，可以对表格进行编辑操作，如合并或拆分表格单元格、添加或删除表格行或列、调整行高或列宽，以及设置表格标题等。

一、复制与粘贴单元格

　　可以复制或粘贴整个表格，也可以复制或粘贴一个或多个单元格，此时的表格保留了单元格的格式设置。可以在插入点或现有表格所选部分中粘贴单元格。当要粘贴多个单元格时，剪贴板的内容必须和表格的结构或表格中将要粘贴这些单元格的部分兼容。

　　复制与粘贴表格的具体操作方法如下：

Step 01 打开素材文件 "bj\index.html"，选中要复制的表格，然后单击"编辑"｜"拷贝"命令，如图 4-12 所示。

Step 02 将插入点置于表格中要粘贴的位置，按【Ctrl+V】组合键进行粘贴即可，如图 4-13所示。

图 4-12　单击"拷贝"命令

图 4-13　粘贴表格

二、添加与删除行和列

　　在制作网页的过程中，在表格中添加行和列是经常用到的表格基本操作之一。下面将详细介绍行和列的添加和删除方法。

1．添加行和列

　　当表格的行或列不足时，就需要添加行或列，具体操作方法如下：

Step 01 打开素材文件 "bj\index.html"，将光标置于要添加行或列的位置，如图 4-14 所示。

Step 02 单击"修改"｜"表格"｜"插入行"命令，如图 4-15 所示。

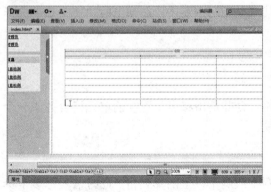

图 4-14　定位光标

图 4-15　单击"插入行"命令

Step 03 此时即可插入一行单元格，效果如图 4-16 所示。

Step 04 同理，单击"修改"｜"表格"｜"插入列"命令，此时即可插入一列单元格，效果如图 4-17 所示。

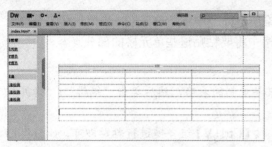

图 4-16　插入一行单元格

图 4-17　插入一列单元格

若需要根据具体的设置插入行数、列数和插入的位置时，只需单击"修改"|"表格"|"插入行或列"命令，在弹出的对话框中进行详细设置即可，如图 4-18 所示。

图 4-18　"插入行或列"对话框

2．删除行和列

下面将介绍如何删除多余的行或列，具体操作方法如下：

Step 01　将光标移到要删行的某一单元格中并右击，在弹出的快捷菜单中选择"表格"|"删除行"命令，如图 4-19 所示。

Step 02　此时，即可删除当前所选择的行，效果如图 4-20 所示。

图 4-19　选择"删除行"命令

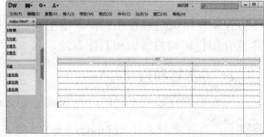

图 4-20　删除所选择的行

同理，若要删除列，将光变定位到列的某一单元格中右击，在弹出的快捷菜单中选择"表格"|"删除列"命令即可。

三、拆分与合并单元格

拆分是指将一个单元格拆分为多个单元格，合并是指将多个连续的单元格合并成一个单元格。下面将介绍拆分与合并单元格的方法。

1．合并单元格

在表格的使用过程中，有的内容需要占两个或两个以上的单元格，此时需要把多个单元格合并成一个单元格，具体操作方法如下：

Step 01　打开素材文件"bj\index.html"，选择要合并的多个单元格并右击，在弹出的快捷菜单中选择"表格"|"合并单元格"命令，如图 4-21 所示。

Step 02　此时，选中的多个单元格即被合并成 1 个单元格，效果如图 4-22 所示。

 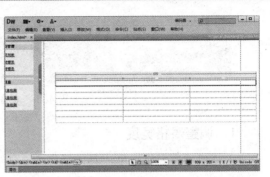

图 4-21　选择"合并单元格"命令　　　　　　图 4-22　合并单元格效果

2. 拆分单元格

拆分单元格的具体操作方法如下：

Step 01　将光标移到要进行拆分的单元格中并右击，在弹出的快捷菜单中选择"表格"丨
　　　　"拆分单元格"命令，弹出"拆分单元格"对话框。选中"列"单选按钮，设置
　　　　"列数"为 4，单击"确定"按钮，如图 4-23 所示。

Step 02　此时，即可将所选单元格拆分成 4 列，效果如图 4-24 所示。

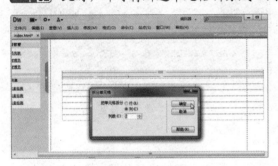 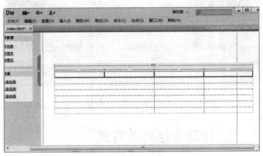

图 4-23　设置拆分参数　　　　　　　　图 4-24　查看拆分效果

任务三　表格属性的设置

利用"属性"面板对表格属性进行设置可以美化表格，从而实现网页布局所需要的效
果。表格的属性设置包括设置表格的大小、边框、间距、填充和对齐方式等。

一、设置表格属性

选择表格后，"属性"面板会显示相应的属性。选择整个表格时，表格"属性"面板
中的选项如图 4-25 所示。

图 4-25　表格"属性"面板

1. 调整表格宽度

若需要调整表格宽度,具体操作方法如下:

Step 01　打开素材文件"bs\bg.html",选择一个表格,如图 4-26 所示。

Step 02　在"属性"面板中设置表格的宽度为 850 像素,效果如图 4-27 所示。

图 4-26　选择表格

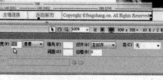

图 4-27　设置表格宽度

2. 修改表格对齐方式

表格的对齐方式用于确定表格相对于同一段落中其他元素的显示位置,其中包括左对齐、右对齐和居中对齐。

修改表格对齐方式的具体操作方法如下:

Step 01　选择表格,在"属性"面板中查看对齐方式,如图 4-28 所示。

Step 02　单击"对齐"下拉按钮,选择对齐方式为"居中对齐",效果如图 4-29 所示。

图 4-28　查看对齐方式

图 4-29　设置居中对齐

3．修改边框粗细

边框粗细是指表格边框的宽度，以"像素"为单位。在插入表格时，默认边框为1像素。若要确保浏览器显示的表格没有边框，需要将边框设置为0像素。

修改表格边框粗细的具体操作方法如下：

Step 01　选择表格，在"属性"面板中设置表格的边框为1像素，如图4-30所示。

Step 02　按【Ctrl+S】组合键进行保存，按【F12】键进行预览，效果如图4-31所示。

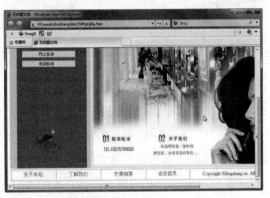

图 4-30　设置边框粗细　　　　　　　　图 4-31　预览边框效果

4．设置填充

填充是指单元格内容和单元格边框之间的距离，以"像素"为单位。设置填充的具体操作方法如下：

Step 01　在网页文件中选择一个表格，如图4-32所示。

Step 02　在"属性"面板中设置"填充"为10像素，效果如图4-33所示。

图 4-32　选择表格　　　　　　　　　　图 4-33　设置填充

5．表格宽度转换

"将表格宽度转换成像素"就是将表格中的列宽设置为以"像素"为单位表示当前宽度；"将表格宽度转换成百分比"是将表格中每一列的宽度设置为以占文档窗口宽度百分比表示当前宽度。

下面以将表格宽度转换成以百分比表示为例进行介绍，具体操作方法如下：

Step 01 打开网页文件，选择一个表格，在"属性"面板中表格的宽度显示为 850 像素，如图 4-34 所示。

Step 02 在"属性"面板中单击"将表格宽度转换成百分比"按钮，如图 4-35 所示。

图 4-34　选择表格　　　　　　　　图 4-35　单击"将表格宽度转换成百分比"按钮

Step 03 此时，表格的宽度显示为 88%，效果如图 4-36 所示。

图 4-36　查看设置效果

二、设置单元格属性

选中任一单元格，在"属性"面板中显示该单元格的属性。可以在"属性"面板中设置单元格的各种属性，如图 4-37 所示。

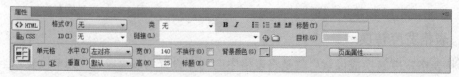

图 4-37　单元格"属性"面板

1. 设置对齐方式

单元格对齐属性包括"水平"和"垂直"。"水平"用于指定单元格、行或列内容的水平对齐方式，如"左对齐"、"右对齐"和"居中对齐"等；"垂直"用于指定单元格、行或列内容的垂直对齐方式，如"顶端"、"居中"、"底部"和"基线"等。

设置单元格对齐方式的方法如下：

Step 01 打开素材文件"bs\dbg.html"，选择要设置对齐方式的单元格，如图 4-38 所示。

Step 02 在"属性"面板中设置水平对齐方式为"居中对齐"，垂直对齐方式为"居中"，效果如图 4-39 所示。

图 4-38 选择单元格 　　　　图 4-39 设置对齐方式

2. 设置宽和高

宽和高是指所选单元格的宽度和高度，以"像素"为单位，或按整个表格宽度或高度的百分比指定。修改单元格宽和高的具体操作方法如下：

Step 01 选择需要设置高度的单元格，如图 4-40 所示。

Step 02 在"属性"面板中设置单元格高度为 30 像素，如图 4-41 所示。

图 4-40 选择单元格 　　　　图 4-41 设置单元格高度

3. 设置单元格背景颜色

通过对单元格设置背景颜色，可以使表格的外观更加美观，具体操作方法如下：

Step 01 选择要设置背景颜色的单元格，在"属性"面板中单击"背景颜色"按钮，选择背景颜色，如图 4-42 所示。

Step 02 设置背景颜色后，查看单元格效果，如图 4-43 所示。

图 4-42　单击"背景颜色"按钮

图 4-43　查看设置效果

4．设置不换行

不换行是指防止换行，从而使给定单元格中的所有文本都在一行上。如果在单元格"属性"面板中选中"不换行"复选框，则当输入数据或将数据粘贴到单元格时，单元格会加宽来容纳所有数据。

5．设置表格标题

在单元格"属性"面板中选中"标题"复选框，可将所选的单元格格式设置为表格标题单元格。默认情况下，表格标题单元格的内容为粗体且居中，如图 4-44 所示。

主页	关于我们	促销产品	价格&菜单	联系我们

原单元格内容

主页	关于我们	促销产品	价格&菜单	联系我们

将单元格中的内容设置为标题

图 4-44　设置表格标题单元格

项目小结

通过本项目的学习，读者应重点掌握以下知识：
（1）创建普通表格和嵌套表格。
（2）使用不同的方法选择表格和单元格。
（3）复制粘贴表格，添加删除行或列，并能根据要求设置具体添加的行数或列数。
（4）拆分和合并单元格。
（5）在"属性"面板中对表格和单元格进行具体设置。

项目习题

（1）如何设置单元格的宽和高？

操作提示：

打开素材文件"exercise.html"，选择要设置宽和高的单元格，如图4-45所示，在"属性"面板输入宽和高的值，效果如图4-46所示。

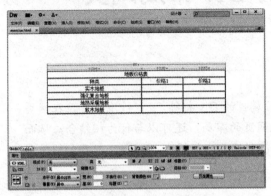

图4-45 选中单元格

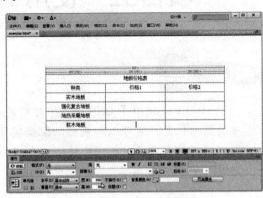

图4-46 设置高和宽

（2）如何设置单元格的背景颜色？

操作提示：

继续打开上一节中的文档，选择要设置背景颜色的单元格，如图4-47所示，在"属性"面板单击背景按钮，选择合适的颜色，效果如图4-48所示。

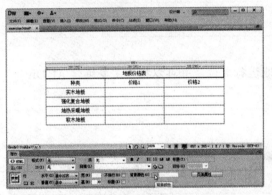

图4-47 选中单元格

图4-48 查看效果

项目五　使用 AP Div 布局网页

项目概述

　　AP Div 是使用了 CSS 样式中绝对定位属性的 Div 标签，可以被准确定位在网页中的任何位置。它可以和表格相配合实现网页的布局，还可以与行为相结合，从而实现网页动画效果。本项目将详细介绍如何创建 Div 标签和 AP Div，以及如何使用 AP Div 进行网页布局。

项目重点 ☆

　　🍃 学会创建 AP Div 的方法。
　　🍃 掌握如何编辑 AP Div。
　　🍃 学会表格和 AP Div 之间的转换。

项目目标 ◎

　　➲ 学会在网页布局中利用 AP Div 准确地进行定位，并可以根据需要编辑 AP Div。
　　➲ 能够利用 AP Div 布置网页。

任务一　AP Div 的创建与设置

TASK 任务概述

　　AP Div 是使用了 CSS 样式中的绝对定位属性的 Div 标签。在 Dreamweaver 中创建 AP Div 的方法有多种，可以选择不同的方法进行创建。下面将详细介绍如何创建 Div 标签和 AP Div，以及如何对创建的 AP Div 进行所需的设置。

TASK 任务重点与实施

一、创建普通 Div

　　当需要使用 Div 进行网页布局或显示图片、段落等网页元素时，可以在网页中创建

Div 区块。用户可以通过代码将<div></div>标签插入到 HTML 网页中，也可以通过可视化网页设计软件创建 Div。

在网页中插入 Div 的具体操作方法如下：

Step 01 打开素材文件"cjdiv sc.html"，单击"插入"|"布局对象"|"Div 标签"命令，如图 5-1 所示。

Step 02 弹出"插入 Div 标签"对话框，设置相关参数，然后单击"确定"按钮，如图 5-2 所示。

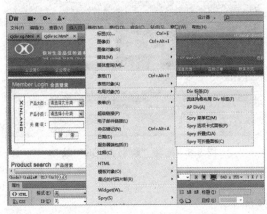

图 5-1　单击"Div 标签"命令　　　　　图 5-2　设置插入 Div 标签参数

Step 03 此时，即可在网页中插入 Div 标签，如图 5-3 所示。

Step 04 在 Div 中进行操作，在此插入图像，效果如图 5-4 所示。

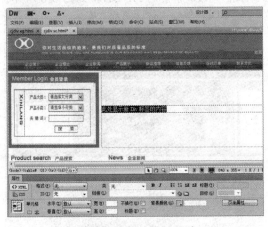

图 5-3　插入 Div 标签　　　　　　　图 5-4　插入图像

二、创建 AP Div

下面将介绍几种常用的创建 AP Div 的方法，其中包括利用按钮绘制 AP Div，利用菜单命令创建 AP Div，以及手动绘制 AP Div 等。

1. 利用按钮绘制 AP Div

利用按钮绘制 AP Div 的具体操作方法如下：

Step 01 打开素材文件 "cjdiv2 sc.html"，将光标定位到空白区域，然后单击"窗口" | "插入"命令，如图 5-5 所示。

Step 02 单击"插入"面板中"布局"类别下的"绘制 AP Div"按钮，并拖入网页中的合适位置，即可创建一个 AP Div，效果如图 5-6 所示。

图 5-5 单击"插入"命令

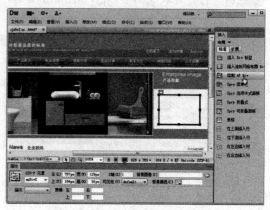

图 5-6 拖动"绘制 AP Div"按钮

2．利用菜单命令创建 AP Div

利用菜单命令创建 AP Div 的具体操作方法如下：

Step 01 将光标置于要插入 AP Div 的单元格中，然后单击"插入" | "布局对象" | AP Div 命令，如图 5-7 所示。

Step 02 此时，即可在网页中自动插入一个 150 像素×110 像素的 AP Div，如图 5-8 所示。

图 5-7 单击 AP Div 命令

图 5-8 插入 AP Div

3．手动绘制 AP Div

手动绘制 AP Div 的具体操作方法如下：

Step 01 单击"插入"面板中"布局"类别下的"绘制 AP Div"按钮，如图 5-9 所示。

Step 02 此时鼠标指针变为十字形状，按住鼠标左键并拖动，即可在网页中绘制一个 AP Div，如图 5-10 所示。

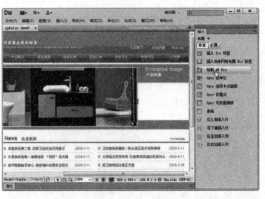

图 5-9　单击"绘制 AP Div"按钮　　　　图 5-10　手动绘制 AP Div

三、创建嵌套 AP Div

嵌套 AP Div 是在已经创建的 AP Div 中嵌套新的 AP Div，通过嵌套 AP Div 可以将 AP Div 组合成一个整体。

创建嵌套 AP Div 的具体操作方法如下：

Step 01 打开素材文件"cjdiv3 sc.html"，将光标置于 AP Div 中，单击"插入"|"布局对象"|AP Div 命令，如图 5-11 所示。

Step 02 在 AP Div 中绘制一个 AP Div，即可实现 AP Div 的嵌套，如图 5-12 所示。

图 5-11　单击"AP Div"按钮　　　　图 5-12　绘制嵌套的 AP Div

任务二　AP Div 的编辑

　**任务概述**

AP Div 是使用了 CSS 样式中的绝对定位属性的 Div 标签。在 Dreamweaver 中创建 AP Div 的方法有多种，可以选择不同的方法进行创建。下面将详细介绍如何创建 Div 标签和 AP Div，以及对创建的 AP Div 进行所需的设置。

任务重点与实施

一、选择 AP Div

在对 AP Div 进行操作与编辑之前，首先需要选择对应的 AP Div。下面将介绍几种选择 AP Div 的方法。

方法 1　通过选择柄进行选择

打开素材文件 "company\index1 sc.html"，单击 AP Div 的内部，此时 AP Div 被激活。在 AP Div 的选择柄□上单击鼠标左键，AP Div 即可被选中，如图 5-13 所示。

方法 2　通过 AP Div 的边线进行选择

将鼠标指针移到 AP Div 的边线上，当指针变为❖形状时单击鼠标左键，AP Div 即可被选中，如图 5-14 所示。

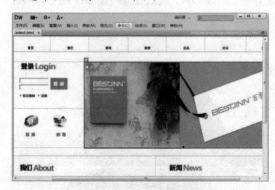

图 5-13　单击选择柄　　　　　　　　　　　图 5-14　通过边线选中 AP Div

方法 3　通过 AP Div 名称进行选择

单击 "窗口" | "AP 元素" 命令，打开 "AP 元素" 面板。单击某个 AP Div 的名称，即可选中 AP Div，如图 5-15 所示。

图 5-15　单击 AP Div 名称

二、移动 AP Div

当需要改变 AP Div 的位置时，可以通过以下方法精确地调整 AP Div 的位置。

方法 1　使用方向键移动 AP Div

选择需要移动的 AP Div，按键盘上对应的方向键。按一次方向键，可以使 AP Div 向相应的方向移动 1 像素；按住【Shift】键的同时再按方向键，则可以一次移动 10 像素。

方法 2　拖动选择柄移动 AP Div

选择要移动的 AP Div，单击该 AP Div 的选择柄⊡，并将 AP Div 移到合适位置，如图 5-16 所示。

方法 3　在"属性"面板中调整 AP Div 的位置

选择要移动的 AP Div，在"属性"面板中的"上"和"左"文本框中分别输入所需移动的数值，此时 AP Div 将自动移动位置，如图 5-17 所示。

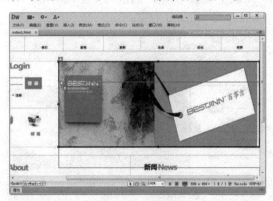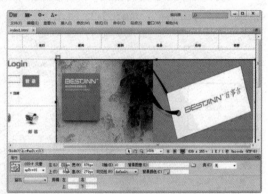

图 5-16　拖动选择柄　　　　　　　　　　图 5-17　在"属性"面板中设置移动位置

三、对齐 AP Div

对于多个 AP Div，可以同时进行对齐操作，如左对齐、右对齐、上对齐与下对齐等，具体操作方法如下：

Step 01　打开素材文件"company\index2 sc.html"，选择要对齐的 AP Div，然后单击"修改" | "排列顺序" | "上对齐"命令，如图 5-18 所示。

Step 02　此时，将以最后选中的 AP Div 上边线为准进行对齐，效果如图 5-19 所示。

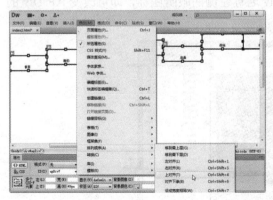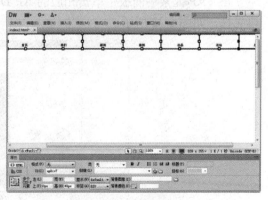

图 5-18　单击"上对齐"命令　　　　　　　图 5-19　查看对齐效果

四、设置 AP Div 堆叠顺序

在"AP 元素"面板或"属性"面板中均可改变 AP Div 的堆叠顺序，下面将分别对其进行介绍。

1. 在"AP 元素"面板中修改堆叠顺序

打开素材文件"company\index3 sc.html"，单击"窗口"|"AP 元素"命令，打开"AP 元素"面板，修改 AP Div 的 Z 值，即可修改它们的堆叠顺序，如图 5-20 所示。

2. 在"属性"面板中修改堆叠属性

选择要修改堆叠属性的 AP Div，在"属性"面板中设置"Z 轴"的值为 19，此时 AP Div 的顺序将自动调整，如图 5-21 所示。

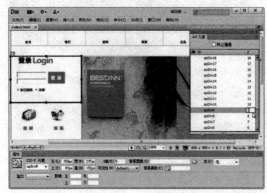
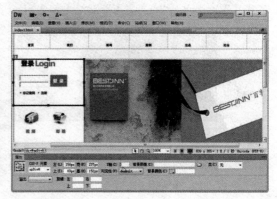

图 5-20　在"AP 元素"面板中修改堆叠顺序　　　图 5-21　在"属性"面板中修改堆叠顺序

五、改变 AP Div 可见性

可见性是 AP Div 的另一个重要属性，主要用于控制 AP Div 的显示，可以通过"AP 元素"面板或"属性"面板更改 AP Div 的可见性。

1. 在"AP 元素"面板中改变可见性

在"AP 元素"面板中单击相应的 AP Div 名称左侧的眼睛图标，即可改变 AP Div 的可见性，如图 5-22 所示。

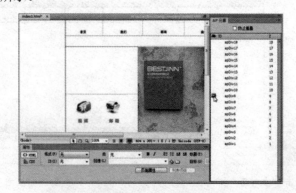

图 5-22　在"AP 元素"面板中修改可见性

2. 在"属性"面板中更改可见性

选中 AP Div，在"属性"面板的"可见性"下拉列表框中选择 hidden 选项，AP Div 即可被隐藏，如图 5-23 所示。

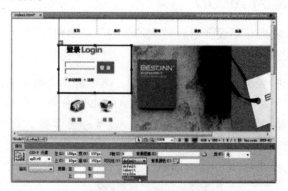

图 5-23　在"属性"面板中修改可见性

六、防止 AP Div 重叠

在"AP 元素"面板中选中"防止重叠"复选框，可以防止各 AP Div 之间互相重叠，具体操作方法如下：

单击"窗口"|"AP 元素"命令，打开"AP 元素"面板。选中"防止重叠"复选框，即可防止 AP Div 重叠，如图 5-24 所示。

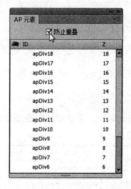

图 5-24　"AP 元素"面板

任务三　　AP Div 与表格的相互转换

任务概述

相比 AP Div 与表格，可以看出 AP Div 能够更加方便、灵活、精确地定位网页元素对象。为了便于页面排版，许多网页设计者总是先用 AP Div 对网页进行布局定位，然后将 AP Div 转换为表格。

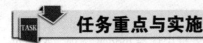

一、将表格转换为 AP Div

如果需要对当前表格布局设计进行较大的改动，则调整过程会十分繁琐，此时可以将表格转换为 AP Div 之后再进行调整，具体操作方法如下：

Step 01 打开素材文件 "company\index sc.html"，选中需要转换为 AP Div 的表格，然后单击 "修改" | "转换" | "将表格转换为 AP Div" 命令，如图 5-25 所示。

Step 02 弹出 "将表格转换为 AP Div" 对话框，设置相关参数，然后单击 "确定" 按钮，如图 5-26 所示。

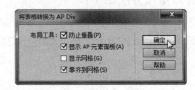

图 5-25 单击 "将表格转换为 AP Div" 命令　　图 5-26 "将表格转换为 AP Div" 对话框

Step 03 此时，即可将表格转换为 AP Div，效果如图 5-27 所示。

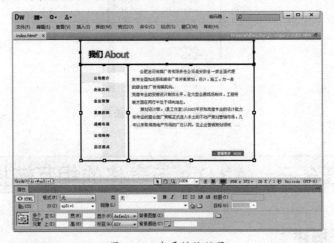

图 5-27 查看转换效果

在 "将表格转换为 AP Div" 对话框中，各选项的含义如下：

➢ **防止重叠**：选中此复选框，可以在 AP Div 操作中防止 AP Div 互相重叠。
➢ **显示 AP 元素面板**：选中此复选框，在转换完成时将会显示 "AP 元素" 面板。

> ➤ **显示网格：**选中此复选框，在转换完成时将会显示网格。
> ➤ **靠齐到网格：**选中此复选框，在转换完成时将会启用网格的吸附功能。

二、将 AP Div 转换为表格

下面将介绍如何将 AP Div 转换为表格，具体操作方法如下：

Step 01 选中要转换为表格的 AP Div，单击"修改"|"转换"|"将 AP Div 转换为表格"
命令，弹出"将 AP Div 转换为表格"对话框，设置相关参数，然后单击"确定"
按钮，如图 5-28 所示。

Step 02 此时，即可将 AP Div 转换为表格，效果如图 5-29 所示。

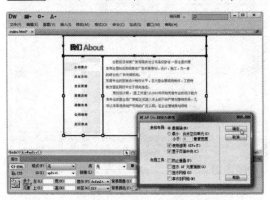

图 5-28　将 AP Div 转换为表格

图 5-29　查看转换效果

在"将 AP Div 转换为表格"对话框中，各选项的含义如下：

> ➤ **最精确：**为每一个 AP Div 创建一个单元格，并为保留 AP Div 之间的空白间隔附
> 加一些必要的单元格。
> ➤ **最小：**把指定像素内的空白单元格合并，使合并后的表格包含较少的空行和空列。
> ➤ **使用透明 GIFs：**使用透明的 GIFs 填充转换后表格的最后一行。
> ➤ **置于页面中央：**将转换后的表格置于页面的中央。
> ➤ **防止重叠：**选中该复选框，可以防止 AP Div 之间重叠。
> ➤ **显示 AP 元素面板：**选中该复选框，转换完成后将显示"AP 元素"面板。
> ➤ **显示网格：**选中该复选框，转换完成后将显示网格。
> ➤ **靠齐到网格：**选中该复选框，转换完成后将会启用吸附到网格功能。

项目小结

通过本项目的学习，读者应重点掌握以下知识：

（1）在布局网页时创建普通 AP Div 和嵌套 AP Div。

（2）在布局网页时编辑 AP Div，如对齐、移动或者改变 AP Div 可见性等。

（3）实现表格和 AP Div 之间的转换，并理解两者相互转换时所涉及的参数。

项目习题

如何创建 AP Div？

操作提示：

① 打开素材文件 "exercise.html"，将光标置于要插入 AP Div 的位置，然后单击 "插入"|"布局对象"|AP Div 命令，即可在网页中自动插入一个 835 像素 × 450 像素的 AP Div，效果如图 5-30 所示。

② 此时，还可以利用 "插入" | "图像" 菜单命令插入图像，效果如图 5-31 所示。

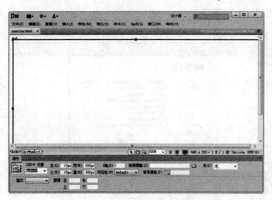

图 5-30　插入 AP Div

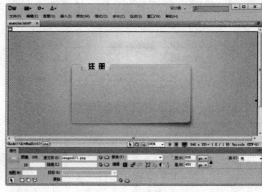

图 5-31　插入图像

③ 若要选择要移动的 AP Div，单击该 AP Div 的选择柄，并将 AP Div 移到合适位置即可，如图 5-32 所示。

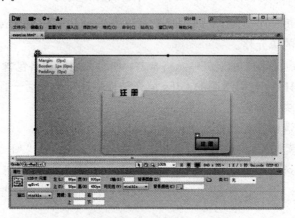

图 5-32　移动 AP Div

项目六　使用表单

项目概述

　　表单是用户和服务器之间的桥梁，专门用于接收访问者填写的信息，从而采集客户端信息，使网页具有交互功能。因此，学会使用表单是制作动态网页的第一步，本项目将详细介绍如何在网页中创建表单。

项目重点

- 了解创建表单的方法。
- 学会给表单添加对象。
- 掌握表单对象的属性设置。

项目目标

- 能够创建所需类型的表单。
- 能够修改表单对象的属性。

任务一　表单的创建

任务概述

　　在制作能实现信息交互的动态网页时，表单是一个必不可少的选项。它是接收用户信息的重要窗口，然后交由服务器端的脚本处理相关信息，并进行反馈。下面将详细介绍如何在网页中创建表单。

任务重点与实施

一、了解表单

　　一个完整的交互表单由两部分组成：一个是客户端包含的表单页面，用于浏览者填写以进行交互的信息；另一个是服务端的应用程序，用于处理浏览者提交的信息。图6-1所示为一个使用表单的网页。

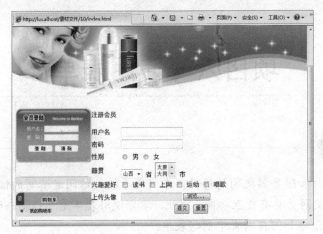

图 6-1　使用表单的网页

二、创建表单

在文档中创建表单的操作非常简单，方法如下：

Step 01 打开素材文件"bd.html"，将光标定位在文档中要插入表单的位置，在"插入"面板"表单"类别中单击"表单"按钮，或单击"插入"|"表单"|"表单"命令，如图 6-2 所示。

Step 02 此时在网页中显示一个红色的虚线框，即插入了一个空表单，如图 6-3 所示。

图 6-2　单击"表单"按钮

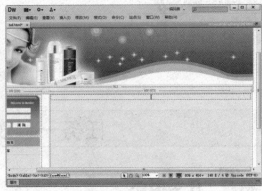

图 6-3　插入表单

三、设置表单属性

前面插入的是一个空表单，单击红色虚线选中表单，在"属性"面板中可以查看表单的相关属性，如图 6-4 所示。

图 6-4　表单"属性"面板

➢ **表单 ID：**用于输入表单名称，以便在脚本语言中控制该表单。

> ➤ **方法**：用于选择表单数据传输到服务器的方法。
> ➤ **动作**：用于输入处理该表单的动态页或脚本的路径，可以是 URL 地址、HTTP 地址，也可以是 Mailto 地址。
> ➤ **目标**：用于选择服务器返回反馈数据的显示方式。
> ➤ **编码类型**：用于指定提交服务器处理数据所使用的 MIME 编码类型。

任务二 表单对象的添加

 **任务概述**

在创建表单后，即可向其中添加表单对象。在 Dreamweaver 中可以创建各种表单对象，如文本框、单选按钮、复选框、按钮和下拉菜单等。

 **任务重点与实施**

一、插入文本字段

在表单中插入文本字段后，浏览者便可以在网页中输入各种信息，常被用作"用户名"或"密码"文本框等。

1. 插入文本字段

文本字段是表单中常用的元素之一，主要包括单行文本字段、多行文本字段和密码文本字段三种。在网页中插入文本字段的具体操作方法如下：

Step 01 将光标定位于表单区域中，在"插入"面板的"表单"类别中单击"文本字段"按钮，如图 6-5 所示。

Step 02 弹出"输入标签辅助功能属性"对话框，设置相关属性，然后单击"确定"按钮，如图 6-6 所示。

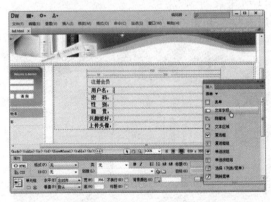

图 6-5 单击"文本字段"按钮

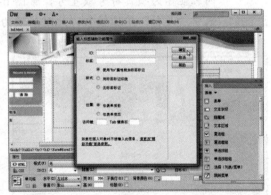

图 6-6 设置文本字段

Step 03 此时，即可在表单中插入一个文本字段，如图 6-7 所示。

Step 04 采用同样的方法再插入一个文本字段，效果如图 6-8 所示。

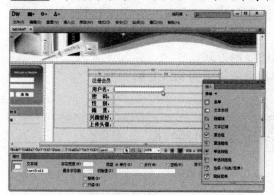

图 6-7 插入文本字段

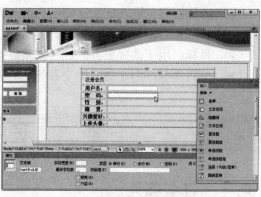

图 6-8 继续插入文本字段

2. 设置文本字段属性

设置文本字段属性的具体操作方法如下：

Step 01 选中插入的文本字段，在"属性"面板中显示该文本字段的属性，如图 6-9 所示。

Step 02 在"类型"选项区中选中"密码"单选按钮，如图 6-10 所示。

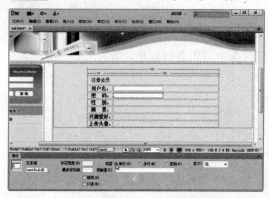

图 6-9 查看文本字段属性

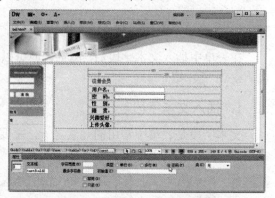

图 6-10 选中"密码"单选按钮

Step 03 按【Ctrl+S】组合键保存文件，按【F12】键进行预览。在文本框中输入内容后，内容显示为项目符号或星号，如图 6-11 所示。

Step 04 选中"多行"单选按钮，此时显示为列表框，如图 6-12 所示。

图 6-11 预览查看效果

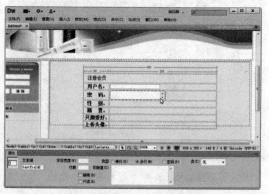

图 6-12 选中"多行"单选按钮

二、插入复选框

在网页中应用复选框可以为用户提供多个选项，用户可以选择其中的一项或多项。下面将详细介绍如何插入复选框并设置其属性，具体操作方法如下：

Step 01 将光标定位于表单区域中，在"插入"面板的"表单"类别中单击"复选框"按钮，如图 6-13 所示。

Step 02 弹出"输入标签辅助功能属性"对话框，设置相关参数，然后单击"确定"按钮，如图 6-14 所示。

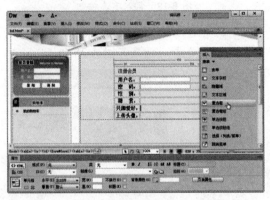

　　图 6-13　单击"复选框"按钮　　　　　　　　　　图 6-14　设置复选框

Step 03 此时，复选框已插入到网页中。重复以上操作，插入多个复选框，如图 6-15 所示。

Step 04 选中复选框，在"属性"面板中可以设置复选框选项，保存文件如图 6-16 所示。

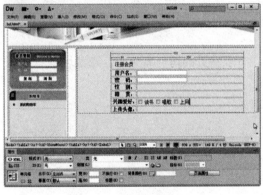
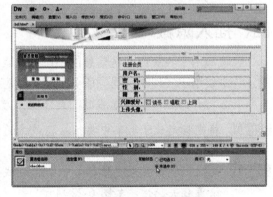

　　图 6-15　插入复选框　　　　　　　　　　　　图 6-16　设置属性

三、插入单选按钮

单选按钮通常不会单一出现，而是多个单选按钮一起成组使用，且只允许选择其中的一个选项。下面将介绍如何插入单选按钮，具体操作方法如下：

Step 01 将光标定位于"性别"栏表单区域中，单击"插入"面板"表单"类别中的"单选按钮"按钮，弹出"输入标签辅助功能属性"对话框，设置相关参数，单击"确定"按钮，如图 6-17 所示。

Step 02 此时，即可在表单区域中插入一个单选按钮，如图 6-18 所示。

图 6-17　设置单选按钮属性

图 6-18　插入单选按钮

Step 03 采用同样的方法，再插入一个标签为"女"的单选按钮，效果如图 6-19 所示。

Step 04 按【Ctrl+S】组合键保存文件，按【F12】键预览查看，效果如图 6-20 所示。

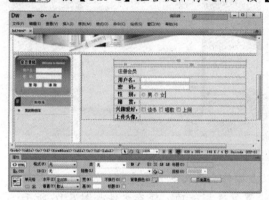

图 6-19　继续插入单选按钮

图 6-20　查看单选按钮效果

四、插入隐藏域

隐藏域用于收集或发送信息的不可见元素，对于网页的访问者来说，隐藏域是看不见的，它主要用于实现浏览器同服务器交换信息。

下面将介绍如何插入隐藏域，具体操作方法如下：

Step 01 将光标定位于表单中要插入隐藏域的位置，在"插入"面板的"表单"类别中单击"隐藏域"按钮，如图 6-21 所示。

Step 02 此时，即可在表单中插入一个隐藏域。选中"隐藏域"标识，在"属性"面板中设置相关属性，如图 6-22 所示。

图 6-21　单击"隐藏域"按钮

图 6-22　设置隐藏域属性

五、插入文件域

　　文件域由一个文本框和一个"浏览"按钮组成，主要用于从磁盘上选择文件。在表单中经常会用到文件域，它能使一个文件附加到正被提交的表单中，如在表单中上传图片、在邮件中添加附件等。

　　下面将介绍如何插入文件域，具体操作方法如下：

Step 01　将光标定位于表单中要插入文件域的位置，在"插入"面板的"表单"类别中单击"文件域"按钮，如图 6-23 所示。

Step 02　弹出"输入标签辅助功能属性"对话框，设置相关参数，然后单击"确定"按钮，如图 6-24 所示。

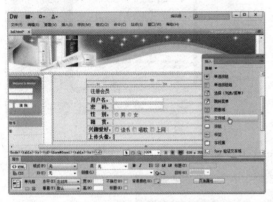

图 6-23　单击"文件域"按钮

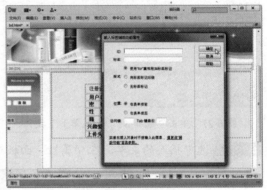

图 6-24　设置文件域

Step 03　此时，即可插入一个文件域。选中文件域，在"属性"面板中可以设置其属性，如图 6-25 所示。

Step 04　按【Ctrl+S】组合键保存文件，按【F12】键预览查看，效果如图 6-26 所示。

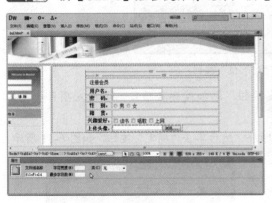

图 6-25　设置文件域属性

图 6-26　预览文件域效果

六、插入列表和菜单

　　列表和菜单也是表单中常用的元素之一，它可以显示多个选项，通过滚动条可以显示更多的选项。

1. 插入菜单

在网页中插入菜单的具体操作方法如下：

Step 01 将光标定位于表单区域内，在"插入"面板的"表单"类别中单击"选择（列表/菜单）"按钮，如图 6-27 所示。

Step 02 弹出"输入标签辅助功能属性"对话框，设置相关参数，然后单击"确定"按钮，如图 6-28 所示。

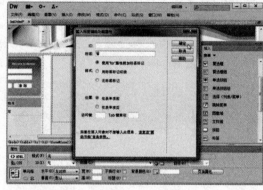

图 6-27　单击"选择（列表/菜单）"按钮　　　　　图 6-28　设置菜单

Step 03 选中插入的菜单，在"属性"面板中单击"列表值"按钮，如图 6-29 所示。

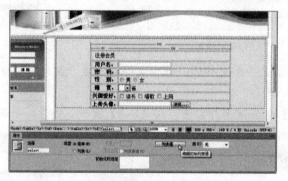

图 6-29　单击"列表值"按钮

Step 04 弹出"列表值"对话框，单击⊞或⊟按钮，添加或删除项目，并输入项目标签，如图 6-30 所示。

Step 05 单击▲或▼按钮，调整菜单中选项的顺序，然后单击"确定"按钮，如图 6-31 所示。

图 6-30　添加或删除项目　　　　　图 6-31　调整菜单选项顺序

Step 06 添加完菜单选项后，还可以根据需要在"属性"面板中设置其他属性，如图 6-32 所示。

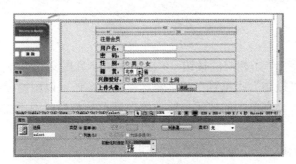

图 6-32　设置其他属性

2. 插入列表

在网页中插入列表的具体操作方法如下：

Step 01 将光标定位于表单中，在"插入"面板的"表单"类别中单击"选择（列表/菜单）"按钮，弹出"输入标签辅助功能属性"对话框，设置相关参数，单击"确定"按钮如图 6-33 所示。

Step 02 选中添加的列表，在"属性"面板中选中"列表"单选按钮，单击"列表值"按钮，如图 6-34 所示。

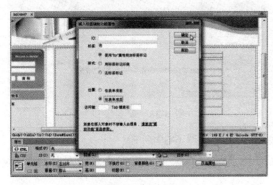

图 6-33　设置列表

图 6-34　选中"列表"单选按钮

Step 03 弹出"列表值"对话框，单击 ⊞ 按钮添加项目并输入项目标签，单击"确定"按钮，如图 6-35 所示。

Step 04 查看列表下拉列表，根据需要设置其他属性，如图 6-36 所示。

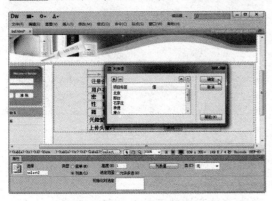

图 6-35　添加项目

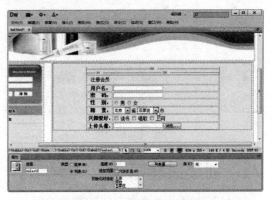

图 6-36　设置其他属性

七、插入按钮

通过脚本的支持，单击相应的按钮，可以将表单信息提交到服务器，或者重置该表单。标准表单按钮带有"提交"、"重置"或"发送"标签，还可以根据需要分配其他已经在脚本中定义的处理任务。表单中的按钮一般放置在表单的最后，用于实现相应的操作，如提交、重置等。

在网页中插入按钮对象的具体操作方法如下：

Step 01 将光标定位于表单区域中，单击"插入"面板中"表单"类别下的"按钮"按钮，如图6-37所示。

Step 02 弹出"输入标签辅助功能属性"对话框，设置相关参数，然后单击"确定"按钮，如图6-38所示。

图 6-37　单击"按钮"按钮　　　　　　　图 6-38　设置按钮

Step 03 此时，即可在表单区域中插入一个按钮，效果如图6-39所示。

Step 04 采用同样的方法，插入另一个按钮。在"属性"面板中根据需要进行属性设置，效果如图6-40所示。

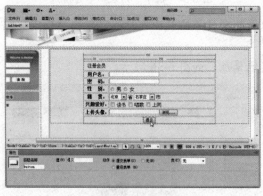

图 6-39　插入按钮　　　　　　　　　　　图 6-40　设置按钮属性

八、创建跳转菜单

在浏览器中浏览含有跳转菜单的网页时，单击菜单旁边的下拉按钮▼，在弹出的下拉菜单中选择所需的项目，即可跳转到相应的网页中。该功能在 Dreamweaver CS6 中可以通过创建跳转菜单来实现。

创建跳转菜单的具体操作方法如下：

Step 01 将光标定位于文档中合适的位置，单击"插入"面板中"表单"类别下的"跳转菜单"按钮，如图 6-41 所示。

Step 02 弹出"插入跳转菜单"对话框，设置各项参数，然后单击"确定"按钮，如图 6-42 所示。

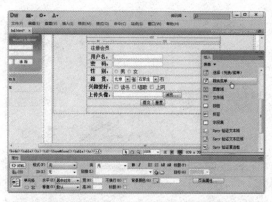

图 6-41　单击"跳转菜单"按钮　　　　图 6-42　"插入跳转菜单"对话框

Step 03 单击跳转菜单，在"属性"面板中设置各项参数，如图 6-43 所示。

Step 04 按【Ctrl+S】组合键保存文件，按【F12】键预览查看，效果如图 6-44 所示。

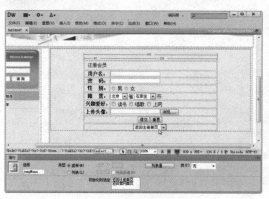

图 6-43　设置跳转菜单属性　　　　图 6-44　预览跳转菜单效果

项目小结

通过本项目的学习，读者应重点掌握以下知识：

（1）如何创建表单。

（2）给表单添加对象，并设置对象的属性。

项目习题

如何利用表单创建一个用户注册界面？

操作提示：

打开素材文件 exercise.html，在"插入"面板"表单"类别中单击"表单"按钮即可插入一个表单，如图 6-45 所示，然后再单击"表单"类别中的"文本字段"按钮，即可插入文本字段，如图 6-46 所示。

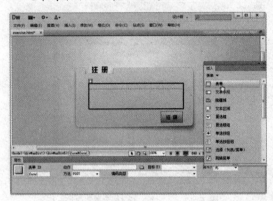

图 6-45　插入表单

图 6-46　插入文本字段

项目七 使用 CSS 样式美化网页

项目概述

　　CSS（Cascading Style Sheet，层叠样式表）是一种用于控制网页元素显示样式的标记性语言，也是目前流行的网页设计技术。与传统使用 HTML 技术布局网页相比，CSS 可以实现网页分离，同一个网页应用不同的 CSS，会呈现出不同的效果。

项目重点

- 了解 CSS 样式表的基本语法及引用方式。
- 学会如何创建 CSS 样式表。
- 掌握设置 CSS 样式表 9 种属性的方法。
- 掌握管理层叠样式表的方法。

项目目标

- 学会创建 CSS 样式，并且可以设置和编辑 CSS 样式。
- 能够熟练地利用 CSS 样式来修饰网页，达到美化网页的效果。

任务一 了解与创建 CSS 样式

任务概述

　　在默认状态下，新建的空白文档中没有定义任何 CSS 样式，在"属性"面板的"样式"下拉列表中仅显示"无"选项，即没有 CSS 样式。下面首先了解 CSS 的基本知识，然后重点介绍如何创建 CSS 新样式。

任务重点与实施

一、了解 CSS 的基本语法

　　CSS 的样式规则由两部分组成：选择器和声明。

选择器 {属性:值}

选择器就是样式的名称，包括自定义的类（也称"类样式"）、HTML 标签、ID 和复合内容。

> **自定义的类：** 可以将样式属性应用到任何文本范围或文本块中。所有类样式均以句点"．"开头。例如，可以创建名称为.red 的类样式，设置其 color 属性为红色，然后将该样式应用到一部分已定义样式的段落文本中。

> **HTML 标签：** 可以重定义特定标签（如 p 或 h1）的格式。创建或更改 h1 标签的 CSS 规则时，所有用 h1 标签设置了格式的文本都会立即更新。

> **ID 和复合内容：** 可以重定义特定元素组合的格式，或其他 CSS 允许的选择器形式的格式。例如，a:link 就是定义未单击过的超链接的高级样式。

而声明则用于定义样式元素。声明由两部分组成：属性和值。在下面的示例中，H1 是选择器，介于花括号（{}）之间的所有内容都是声明。

```
H1 {
font-size:16 pixels;
font-family:Helvetica;
font-weight:bold;
}
```

二、在网页中引用 CSS 的方式

当 CSS 与网页中的内容建立关系时，即可称为 CSS 样式的引用。CSS 样式的引用主要有以下几种方式：

1．直接添加在 HTML 标记中

这是应用 CSS 最简单的方法，语法如下：

<标记 style="CSS 属性：属性值">内容</标记>

2．将样式表内嵌到 HTML 文件中

将 CSS 样式代码添加到 HTML 的<style></style>标签之间，然后插入到网页的头部位置，如图 7-1 所示。

图 7-1　内嵌样式

3.将外部样式表链接到 HTML 文件上

此方法通过<link>标签实现，将<link>标签加入到<head>标签之间，如图 7-2 所示。

```
1   <!DOCTYPE html PUBLIC "-//W3C//DTD XHTML 1.0 Transitional//EN"
    "http://www.w3.org/TR/xhtml1/DTD/xhtml1-transitional.dtd">
2   <html xmlns="http://www.w3.org/1999/xhtml">
3   <head>
4   <meta http-equiv="Content-Type" content="text/html; charset=utf-8" />
5   <title>在线电影院</title>
6   <link href="css/style.css" rel="stylesheet" type="text/css" />
7   </head>
8
9   <body>
10  </body>
11  </html>
12
```

图 7-2　外链样式

4.联合使用样式表

将样式表导入到 HTML 文件中与将样式表链接到 HTML 文件中相似，也是将外部定义好的 CSS 文件引入到网页中，从而在网页中进行应用。但是，导入的 CSS 使用@import 在内嵌样式表中导入，导入方式可以与其他方式进行结合，如图 7-3 所示。

```
1   <!DOCTYPE html PUBLIC "-//W3C//DTD XHTML 1.0 Transitional//EN"
    "http://www.w3.org/TR/xhtml1/DTD/xhtml1-transitional.dtd">
2   <html xmlns="http://www.w3.org/1999/xhtml">
3   <head>
4   <meta http-equiv="Content-Type" content="text/html; charset=utf-8" />
5   <title>在线电影院</title>
6   <style type="text/css">
7   @import url("css/style.css");
8   </style>
9   </head>
10
11  <body>
12  </body>
13  </html>
```

图 7-3　联合使用样式表

三、新建 CSS 样式

下面将介绍如何在 Dreamweaver CS6 中创建 CSS 新样式，其具体操作方法如下：

Step 01　在"CSS 样式"面板中单击右下方的"新建 CSS 规则"按钮，如图 7-4 所示。

Step 02　弹出"新建 CSS 规则"对话框，设置选择器类型、选择器名称和规则定义，然后单击"确定"按钮，如图 7-5 所示。

图 7-4　单击"新建 CSS 规则"按钮

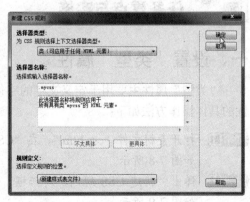

图 7-5　"新建 CSS 规则"对话框

Step 03 弹出"将样式表文件另存为"对话框,设置保存的文件名,然后单击"保存"按钮,如图 7-6 所示。

Step 04 弹出 CSS 规则定义对话框,根据需要设置相关属性,然后单击"确定"按钮,如图 7-7 所示。

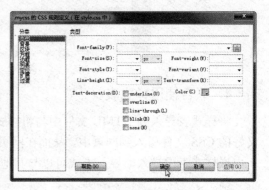

图 7-6 "将样式表文件另存为"对话框   图 7-7 设置 CSS 规则属性

任务二 设置 CSS 样式表

CSS 样式主要集中在"CSS 规则定义"对话框的"分类"列表框中,共有"类型"、"背景"、"区块"、"方框"、"边框"、"列表"、"定位"、"扩展"和"过渡"九大类。下面将学习如何设置 CSS 样式表。

一、设置"类型"属性

"类型"属性主要用于定义文字的字体、字号、样式、样色等,设置 CSS"类型"属性的具体操作方法如下:

Step 01 打开素材文件"css.html",在"CSS 样式"面板中单击"新建 CSS 规则"按钮,如图 7-8 所示。

Step 02 弹出"新建 CSS 规则"对话框,设置 CSS 规则属性,然后单击"确定"按钮,如图 7-9 所示。

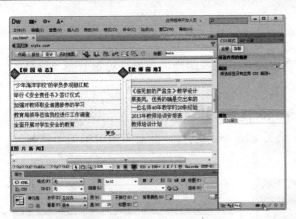

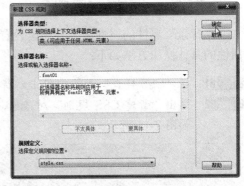

图 7-8　单击"新建 CSS 规则"按钮　　　　图 7-9　"新建 CSS 规则"对话框

Step 03 弹出 CSS 规则定义对话框，在"分类"列表中选择"类型"选项，设置相关属性，然后单击"确定"按钮，如图 7-10 所示。

Step 04 选择要应用该样式的表格，单击"属性"面板"类"下拉按钮，在弹出的下拉列表中选择 font01 样式，如图 7-11 所示。

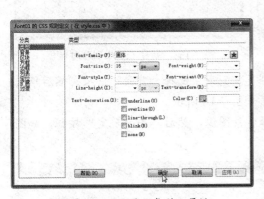

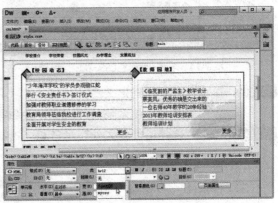

图 7-10　设置"类型"属性　　　　　　图 7-11　选择"font01"样式

Step 05 按【Ctrl+S】组合键保存文件，按【F12】键预览，即可查看应用 font01 CSS 样式后的效果，如图 7-12 所示。

Step 06 采用同样的方法，为其他表格应用该样式，效果如图 7-13 所示。

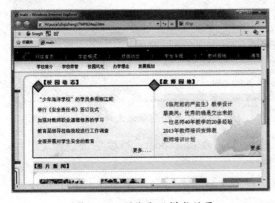

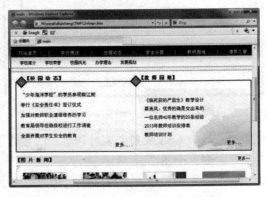

图 7-12　预览应用样式效果　　　　　　图 7-13　为其他表格应用样式

二、设置"背景"属性

"背景"属性的属性项主要用于设置背景颜色、背景图像等属性。设置 CSS "背景"属性的具体操作方法如下：

Step 01 在"CSS 样式"面板中单击"新建 CSS 规则"按钮，如图 7-14 所示。

Step 02 弹出"新建 CSS 规则"对话框，设置 CSS 规则属性，然后单击"确定"按钮，如图 7-15 所示。

图 7-14　单击"新建 CSS 规则"按钮　　　　图 7-15　"新建 CSS 规则"对话框

Step 03 弹出"CSS 规则定义"对话框，在"分类"列表中选择"背景"选项，然后单击背景图片文本框右侧的"浏览"按钮，如图 7-16 所示。

Step 04 弹出"选择图像源文件"对话框，选择背景图像，然后单击"确定"按钮，如图 7-17 所示。

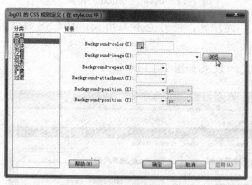

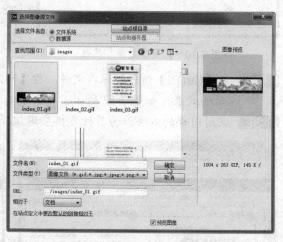

图 7-16　单击"浏览"按钮　　　　图 7-17　"选择图像源文件"对话框

Step 05 返回 CSS 规则定义对话框，设置背景图片重复为 no-repeat，然后单击"确定"按钮，如图 7-18 所示。

Step 06 将光标置于要应用该样式的单元格中，在"属性"面板的"类"下拉列表中选择 bg01 样式，如图 7-19 所示。

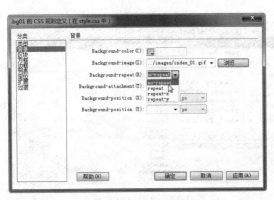

图 7-18　设置背景图片重复

图 7-19　选择 bg01 样式

Step 07 此时，即可在"CSS 样式"面板中查看属性设置，如图 7-20 所示。

Step 08 按【Ctrl+S】组合键保存文件，按【F12】键预览即可查看效果，如图 7-21 所示。

图 7-20　查看属性设置

图 7-21 预览应用样式效果

三、设置"区块"属性

"区块"属性主要用于设置文字间的间距、文本对齐、文字缩进等属性。设置 CSS"区块"属性的具体操作方法如下：

Step 01 单击"CSS 样式"面板中的"新建 CSS 规则"按钮，弹出"新建 CSS 规则"对话框，设置 CSS 规则属性，然后单击"确定"按钮，如图 7-22 所示。

Step 02 在弹出的 CSS 规则定义对话框中选择"区块"选项，设置相关属性，然后单击"确定"按钮，如图 7-23 所示。

Step 03 将光标置于要应用该样式的单元格中并右击，可以在"属性"面板

图 7-22　设置 CSS 规则属性

中应用样式，也可以在 CSS 样式列表中选择 wenzi 样式选项，如图 7-24 所示。

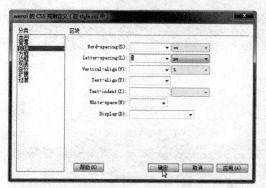

图 7-23　设置"区块"属性

图 7-24　选择 wenzi 样式

Step 04　将样式应用于需要的单元格上,按【Ctrl+S】组合键保存文件,按【F12】键预览,即可查看应用样式后的效果,如图 7-25 所示。

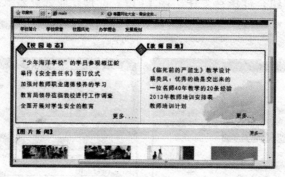

图 7-25　预览应用样式效果

四、设置"方框"属性

"方框"属性主要用于设置元素在页面上的放置方式。设置 CSS "方框"属性的具体操作方法如下:

Step 01　单击"CSS 样式"面板中的"新建 CSS 规则"按钮 ,弹出"新建 CSS 规则"对话框,设置 CSS 规则属性,然后单击"确定"按钮,如图 7-26 所示。

Step 02　在弹出的 CSS 规则定义对话框中选择"方框"选项,设置相关属性,然后单击"确定"按钮,如图 7-27 所示。

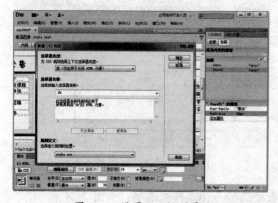

图 7-26　设置 CSS 规则属性

图 7-27　设置"方框"属性

Step 03 将光标置于要应用该样式的单元格中并右击，在 CSS 样式列表中选择 fk 样式选项，如图 7-28 所示。

Step 04 将样式应用于所需要的单元格上，按【Ctrl+S】组合键保存文件，效果如图 7-29 所示。

图 7-28　选择 fk 样式

图 7-29　查看应用样式效果

五、设置"边框"属性

"边框"属性用于定义元素周围的边框，以及边框的粗细、颜色和线条样式。设置 CSS "边框"属性的具体操作方法如下：

Step 01 单击 "CSS 样式" 面板中的 "新建 CSS 规则" 按钮，弹出 "新建 CSS 规则" 对话框，设置相关属性，然后单击"确定"按钮，如图 7-30 所示。

Step 02 在弹出的 CSS 规则定义对话框中选择"边框"选项，设置相关属性，然后单击"确定"按钮，如图 7-31 所示。

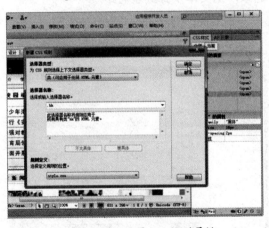

图 7-30　设置 CSS 规则属性

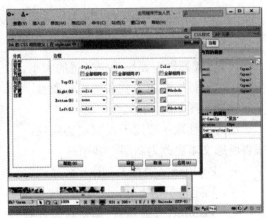

图 7-31　设置"边框"属性

Step 03 将光标置于要应用该样式的单元格中，在"属性"面板的"类"样式列表中选择 bk 样式，如图 7-32 所示。

Step 04 将样式应用于需要的单元格上，按【Ctrl+S】组合键保存文件，按【F12】键预览，查看应用样式后的效果，如图 7-33 所示。

图 7-32　选择 bk 样式

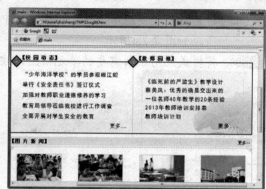

图 7-33　预览应用样式效果

六、设置"列表"属性

　　"列表"属性主要用于定义列表的各种属性，如列表项目符号、位置等，其属性项如图 7-34 所示。其中：

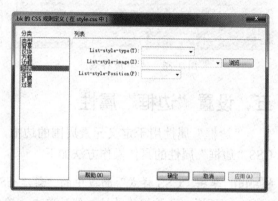

图 7-34　"列表"属性

> ➢ **List-style-type（类型）**：用于设置项目列表和编号列表的符号。

> ➢ **List-style-image（项目符号图像）**：用于为项目列表自定义符号，可以选择使用图像作为项目列表的符号。

> ➢ **List-style-Position（位置）**：用于设置列表项文本是否换行和缩进，如果选择"外"选项，则缩进文本；如果选择"内"选项，则文本换行到左边距。

七、设置"定位"属性

　　"定位"属性主要用于定义层的大小、位置、可见性、溢出方式和剪辑等属性，其属性项如图 7-35 所示。

　　这些属性项主要用于设置层的属性，或将所选文本更改为新层，其中：

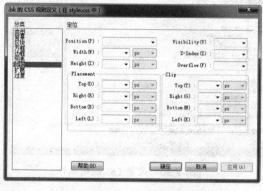

图 7-35　"定位"属性

> ➢ **Position（类型）**：用于设置浏览器定位层的方式。

> ➢ **Visibility（显示）**：用于设置内容的可见性，其中包括"继承"、"可见"和"隐藏"三种方式。

> ➢ **Width（宽）**：用于设置层的宽度。

> ➢ **Height（高）**：用于设置层的高度。

> ➢ **Z-Index（Z 轴）**：用于设置内容的叠放顺序，其中的数值可以设置为正，也可以设置为负。

- ➢ **Over flow（溢位）**：用于设置当容器（如 DIV 或 P）的内容超出容器的显示范围时的处理方式，可以选择"可见"、"隐藏"、"滚动"和"自动"选项进行处理。
- ➢ **Placement（置入）**：用于设置内容块的位置和大小。
- ➢ **Clip（裁切）**：用于设置内容的可见部分。

八、设置"扩展"属性

"扩展"属性用于设置打印页面时分页、指针样式和滤镜特殊效果，该类属性的属性项如图 7-36 所示。其中：

- ➢ **Page-break-before（之前）**：用于设置打印时在样式所控制的元素对象之前强制分页。
- ➢ **Page-break-after（之后）**：用于设置打印时在样式所控制的元素对象之后强制分页。

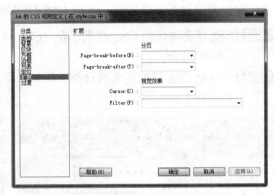

图 7-36 "扩展"属性

- ➢ **Cursor（光标）**：用于设置鼠标指针悬停在样式所控制的元素对象之上时的形状。
- ➢ **Filter（过滤器）**：用于设置样式所控制元素对象的特殊效果。

九、设置"过渡"属性

使用 CSS 过渡效果面板可将平滑属性变化更改应用于基于 CSS 的页面元素，以响应触发器事件，如悬停、点击和聚焦，如图 7-37 所示。

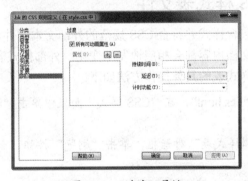

图 7-37 "过渡"属性

任务三　层叠样式表的管理

 **任务概述**

对于已经创建的 CSS 样式，可以对其进行编辑修改或删除重新创建等操作，也可以对 CSS 样式进行导入或导出等操作。

任务重点与实施

一、编辑 CSS 层叠样式

编辑已有的 CSS 样式，需要在"CSS 样式"面板中找到相应的 CSS 样式，然后在其属性编辑器中进行编辑即可。编辑 CSS 样式的具体操作方法如下：

Step 01 选择要编辑的 CSS 样式，在"CSS 样式"面板中单击"编辑样式"按钮，如图 7-38 所示。

Step 02 弹出 CSS 规则定义对话框，即可对样式进行修改，修改完成后单击"确定"按钮，如图 7-39 所示。

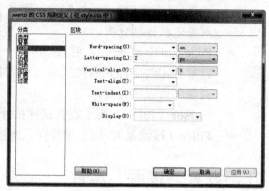

图 7-38 单击"编辑样式"按钮　　　　　　图 7-39 修改 CSS 样式

二、链接外部 CSS 样式表文件

外部样式表是一个包含样式并符合 CSS 规范的外部文本文件，在编辑外部样式表后，链接到该样式表的所有文档内容都会相应地发生变化。外部样式表可以应用于任何页面。在当前文档中附加外部样式表的具体操作方法如下：

Step 01 打开素材文件"ljcs.html"，在"CSS 样式"面板中单击"附加样式表"按钮，如图 7-40 所示。

Step 02 弹出"链接外部样式表"对话框，单击"浏览"按钮，如图 7-41 所示。

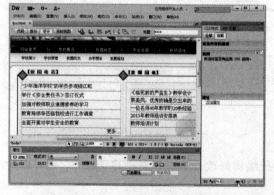

图 7-40 单击"附加样式表"按钮　　　　　图 7-41 "链接外部样式表"对话框

Step 03　弹出"选择样式表文件"对话框，选择要链接的文件，然后单击"确定"按钮，如图 7-42 所示。

Step 04　返回"链接外部样式表"对话框，选中"链接"单选按钮，然后单击"确定"按钮，如图 7-43 所示。

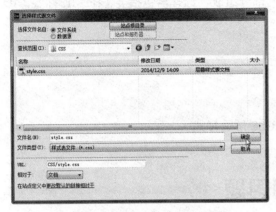

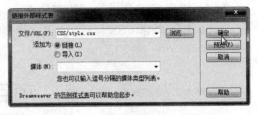

图 7-42　"选择样式表文件"对话框　　　　　图 7-43　"链接外部样式表"对话框

Step 05　此时，该样式表文件即被应用于当前文档中，效果如图 7-44 所示。

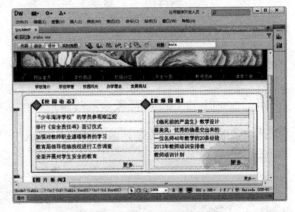

图 7-44　查看应用样式效果

三、删除 CSS 层叠样式

对于不再使用或无效的 CSS 样式，可以将其删除。删除 CSS 样式的操作方法如下：

在打开的"CSS 样式"面板中选择要删除的 CSS 样式并右击，在弹出的快捷菜单中选择"删除"命令，即可将该 CSS 样式删除，如图 7-45 所示。

图 7-45　选择"删除"命令

项目小结

通过本项目的学习，读者应重点掌握以下知识：

（1）CSS 的样式规则由选择器和声明两部分组成，选择器包括类、HTML 标签，ID 和复合内容四种样式。

（2）在网页中引用 CSS 的四种方式。

（3）创建 CSS 样式的方法。

（4）设置 CSS 样式的九类属性。

（5）编辑 CSS 层叠样式的方法。

（6）链接外部 CSS 样式表，以及删除 CSS 层叠样式。

项目习题

利用"类型"属性给文字设置 CSS 样式。

操作提示：

①打开素材文件"exercise.html"，单击"CSS 样式"面板中的"新建 CSS 规则"按钮 ，弹出"新建 CSS 规则"对话框。选择"类"选择器，名称为.font01，单击"确定"按钮，弹出".font01 的 CSS 规则定义"对话框，设置相关属性，如图 7-46 所示。

②选中要应用样式的文字，在"属性"面板中"类"下拉列表框中选择"font01"，应用效果如图 7-47 所示。

图 7-46 设置"类型"属性

图 7-47 查看应用效果

项目八　使用行为创建网页

项目概述

　　行为就是在网页中进行一系列动作，通过这些动作实现用户与页面的交互。行为是由事件和动作组成的。事件是动作被触发的结果，而动作是为用于完成特殊任务而预先编好的 JavaScript 代码，如打开浏览器窗口和播放声音等。本项目将详细介绍如何在网页中添加行为。

项目重点

　　📝 了解行为和事件的概念，以及常用事件的含义。
　　📝 理解"行为"面板的功能和操作。
　　📝 学会利用行为调节浏览器、制作图像、显示文本，以及添加 Spry 效果。

项目目标

　　➲ 灵活掌握不同行为特效的属性。
　　➲ 根据不同的需要利用行为给网页添加不同特效。

任务一　行为和事件

任务概述

　　所谓行为，就是响应某一事件而采取的一个操作。行为是一系列使用 JavaScript 程序预定义的页面特效工具，是 JavaScript 在 Dreamweaver 中内置的程序库。当把行为赋予页面中某个元素时，也就是定义了一个操作，以及用于触发这个操作的事件。

任务重点与实施

一、认识行为和事件

　　行为在网页中是比较常见的，如弹出窗口、鼠标移上去图片切换等。当发生某事件时，执行某动作的过程称为行为，行为是事件和动作的组合。下面将对行为和事件分别进行详细介绍。

1．行为

行为包括两部分内容：一部分是事件，另一部分是动作。

行为是某个事件和由该事件触发的动作的组合，事件用于指明执行某项动作的条件，如鼠标指针移到对象上方、离开对象、单击对象、双击对象等都是事件。

动作是行为的另一个组成部分，它由预先编写的 JavaScript 代码组成，利用这些代码执行特定的任务，如打开浏览器窗口、弹出信息等。

2．事件

在 Dreamweaver 中可以将事件分为不同的种类，有的与鼠标有关，有的与键盘有关，如单击鼠标、按下键盘某个键。有的事件还和网页相关，如网页下载完毕、网页切换等。为了便于理解，我们将事件分为四类：鼠标事件、键盘事件、页面事件和表单事件。

常用的事件如下：

➤ **onBlur**：当指定的元素停止从用户的交互动作上获得焦点时，触发该事件。

➤ **onClick**：当用户在网页中单击使用行为的元素，如文本、按钮或图像时，就会触发该事件。

➤ **onDblclick**：在网页中双击使用行为的特定元素，如文本、按钮或图像时，就会触发该事件。

➤ **onError**：当浏览器下载页面或图像发生错误时，就会触发该事件。

➤ **onFocus**：指定元素通过用户的交互动作获得焦点时，就会触发该事件。

➤ **onKeydown**：当用户在浏览网页时，按下一个键后且尚未释放该键时，就会触发该事件。该事件常与 onKeydown 与 onKeyup 事件组合使用。

➤ **onKeyup**：当用户浏览网页时，按下一个键后又释放该键时，就会触发该事件。

➤ **onLoad**：当网页或图像完全下载到用户浏览器后，就会触发该事件。

➤ **onMouseDown**：浏览网页时，单击网页中建立行为的元素且尚未释放鼠标之前，就会触发该事件。

➤ **onMousemove**：在浏览器中，当用户将鼠标指针在使用行为的元素上移动时，就会触发该事件。

➤ **onMouseover**：在浏览器中，当用户将鼠标指针指向一个使用行为的元素时，就会触发该事件。

➤ **onMouseout**：在浏览器中，当用户将鼠标指针从建立行为的元素移出后，就会触发该事件。

➤ **onMouseup**：在浏览器中，当用户在使用行为的元素上按下鼠标并释放后，就会触发该事件。

➤ **onUnload**：当用户离开当前网页，如关闭浏览器或跳转到其他网页时，就会触发该事件。

二、"行为"面板

通过"行为"面板可以使用和管理行为。"行为"面板的显示列表分为两部分，左栏用于显示触发动作的事件，右栏用于显示动作，如图 8-1 所示。

图 8-1 "行为"面板

➤ **"显示设置事件"按钮**：仅显示附加到当前文档的那些事件。事件被分别划归到客户端或服务器端类别中。每个类别的事件都包含在可折叠的列表中。"显示设置事件"是默认的视图。

➤ **"显示所有事件"按钮**：按字母顺序显示属于特定类别的所有事件，如图 8-2 所示。

➤ **"添加行为"按钮**：单击该按钮，将显示特定下拉菜单，其中包含可以附加到当前选定元素的动作。当从该列表中选择一个动作时，将出现一个对话框，可以在此对话框中设置该动作的参数。如果下拉菜单中的动作处于灰色状态，则表示选定的元素无法生成任何事件，如图 8-3 所示。

图 8-2 显示所有事件

图 8-3 单击"添加行为"按钮

➤ **"删除事件"按钮**：从行为列表中删除所选的事件和动作。

➤ **"箭头"按钮**：在行为列表中上下移动特定事件的选定动作，只能更改特定事件的动作顺序。

"行为"面板的基本操作包括打开面板、显示事件、添加行为和删除行为等，具体操作方法如下：

Step 01 打开素材文件 "tp\tp.html"，选中要添加行为的对象，然后单击 "窗口" | "行为" 命令，如图 8-4 所示。

Step 02 在 "行为" 面板中单击 "添加行为" 按钮，在弹出的下拉列表中选择 "弹出信息" 选项，如图 8-5 所示。

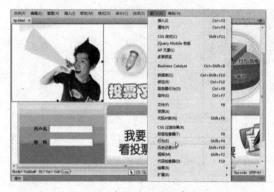

图 8-4 单击 "行为" 命令

图 8-5 选择 "弹出信息" 选项

Step 03 弹出 "弹出信息" 对话框，输入需要弹出的信息，然后单击 "确定" 按钮，如图 8-6 所示。

Step 04 在 "行为" 面板中查看添加的行为，如图 8-7 所示。

图 8-6 输入弹出信息

图 8-7 查看添加行为

Step 05 单击事件右侧的下拉按钮，在弹出的下拉列表中选择所需的事件，如图 8-8 所示。

Step 06 双击该动作，弹出 "弹出信息" 对话框，可以重新设置弹出信息的动作属性，如图 8-9 所示。

图 8-8 选择所需事件

图 8-9 重新设置弹出信息

Step **07** 选择要删除的行为，在"行为"面板中单击"删除事件"按钮 **─**，如图 8-10 所示。

Step **08** 此时即可将选定的行为删除，效果如图 8-11 所示。

图 8-10　单击"删除事件"按钮　　　　　　图 8-11　查看删除行为效果

任务二　利用行为调节浏览器

任务概述

使用"行为"面板可以调节浏览器，如实现打开浏览器窗口、调用脚本、转到 URL 等各种效果。

任务重点与实施

一、打开浏览器窗口

使用"打开浏览器窗口"动作可以在事件发生时打开一个新浏览器窗口，用户可以从中设置新窗口的各种属性，如窗口名称、大小、状态栏和菜单栏等。

创建"打开浏览器窗口"动作的具体操作方法如下：

Step **01** 打开素材文件"hotal\hotal.html"，选中要添加行为的对象，然后单击"窗口"|"行为"命令，如图 8-12 所示。

Step **02** 在打开的"行为"面板中单击"添加行为"按钮 **+**，在弹出的下拉列表中选择"打开浏览器窗口"选项，如图 8-13 所示。

图 8-12　单击"行为"命令　　　　　　图 8-13　选择"打开浏览器窗口"选项

Step 03 弹出 "打开浏览器窗口" 对话框，单击 "要显示的 URL" 文本框右侧的 "浏览" 按钮，如图 8-14 所示。

Step 04 弹出 "选择文件" 对话框，选择文件，然后单击 "确定" 按钮，如图 8-15 所示。

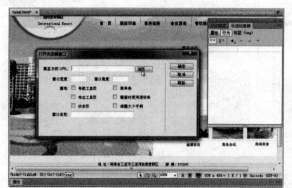

图 8-14　单击 "浏览" 按钮

图 8-15　选择文件

Step 05 返回 "打开浏览器窗口" 对话框，单击 "确定" 按钮，如图 8-16 所示。

Step 06 单击事件右侧的下拉按钮，在弹出的下拉列表中选择所需的事件，如图 8-17 所示。

图 8-16　确认设置操作

图 8-17　选择事件

Step 07 按【Ctrl+S】组合键保存网页，按【F12】键在浏览器中预览，效果如图 8-18 所示。

Step 08 单击之前添加了行为的图片，效果如图 8-19 所示。

图 8-18　预览效果

图 8-19　查看动作效果

二、创建自动关闭网页

"调用 JavaScript"动作允许使用"行为"面板指定当前某个事件应该执行的自定义函数或 JavaScript 代码行。调用 JavaScript 创建自动关闭网页的方法如下：

Step 01 打开素材文件"hotel\hotal 1.html"，单击文档窗口底部的<body>标签，如图 8-20 所示。

Step 02 在"行为"面板中单击"添加行为"按钮 +，在弹出的下拉列表中选择"调用 JavaScript"选项，如图 8-21 所示。

图 8-20　单击<body>标签　　　　图 8-21　选择"调用 JavaScript"选项

Step 03 弹出"调用 JavaScript"对话框，在文本框中输入 window.close()，然后单击"确定"按钮，如图 8-22 所示。

Step 04 按【Ctrl+S】组合键保存网页，按【F12】键在浏览器中预览，效果如图 8-23 所示。

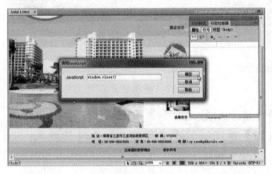

图 8-22　输入代码　　　　　　图 8-23　预览效果

三、创建自动关闭网页

"转到 URL"行为可在当前窗口或指定的框架中打开一个新页面。该动作对于一次改变两个或多个框架的内容特别有效。它也可以在时间轴中调用，以在指定时间间隔后跳转到一个新页面。

使用"转到 URL"动作可以在当前页面中设置转到的 URL。当页面中存在框架时，可以指定在目标框架中显示设定的 URL。

创建转到 URL 网页的方法如下：

Step 01 打开素材文件"hotel\hotal 2.html",在"行为"面板中单击"添加行为"按钮 ➕,在弹出的下拉列表中选择"转到 URL"选项,如图 8-24 所示。

Step 02 弹出"转到 URL"对话框,单击 URL 文本框右侧的"浏览"按钮,如图 8-25 所示。

图 8-24　选择"转到 URL"选项　　　　图 8-25　单击"浏览"按钮

Step 03 弹出"选择文件"对话框,选择文件,然后单击"确定"按钮,如图 8-26 所示。

Step 04 返回"转到 URL"对话框,即可看到已经添加的文件,单击"确定"按钮,如图 8-27 所示。

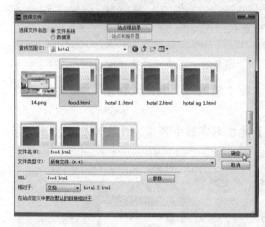

图 8-26　选择文件

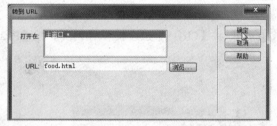

图 8-27　查看已添加的文件

Step 05 返回网页文档,在"行为"面板中查看添加的行为,如图 8-28 所示。

Step 06 按【Ctrl+S】组合键保存网页,按【F12】键在浏览器中预览,查看跳转效果,如图 8-29 所示。

图 8-28　查看添加的行为

图 8-29　查看跳转效果

任务三　行为和事件

任务概述

设计人员利用行为可以使对象产生各种特效，下面将介绍交换图像与恢复交换图像、预载入图像及拖动 AP 元素等行为的使用方法。

任务重点与实施

一、交换图像与恢复交换图像

交换图像就是当光标经过图像时，原图像会变成另外一张图像。一个交换图像由两张图像组成，第一张图像和交换图像。如果组成图像交换的两张图像尺寸不同，Dreamweaver 会自动将第二张图像的尺寸调整为第一张图像的大小。

交换图像与恢复交换图像的具体操作方法如下：。

Step 01 打开素材文件"hs\index.html"，选中交换对象，在"行为"面板中单击"添加行为"按钮 +，在弹出的下拉列表中选择"交换图像"选项，如图 8-30 所示。

Step 02 弹出"交换图像"对话框，单击"设定原始档为"文本框右侧的"浏览"按钮，如图 8-31 所示。

图 8-30　选择"交换图像"选项

图 8-31　单击"浏览"按钮

Step 03 弹出"选择图像源文件"对话框，选择图像，然后单击"确定"按钮，如图 8-32 所示。

Step 04 返回"交换图像"对话框，单击"确定"按钮，如图 8-33 所示。

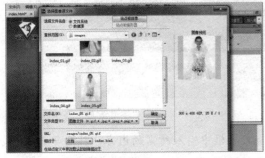

图 8-32　选择图像

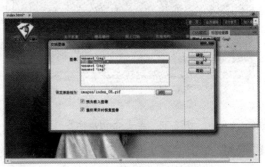

图 8-33　单击"确定"按钮

Step 05 在"行为"面板中查看添加的行为,如图 8-34 所示。

Step 06 按【Ctrl+S】组合键保存网页文档,按【F12】键进行预览,效果如图 8-35 所示。

图 8-34　查看添加的行为　　　　　　　图 8-35　预览效果

任务四　利用行为显示文本

 任务概述

　　利用行为可以设置弹出信息、设置状态栏、设置容器的文本、设置文本域文本,以及设置框架文本等。

 任务重点与实施

一、弹出信息

　　使用"弹出信息"动作可以在事件发生时弹出一个事先制定好的提示信息框,为浏览者提供信息,该提示信息框只有一个"确定"按钮,具体操作方法如下:

Step 01 打开素材文件"login\login.html",单击文档窗口底部的<body>标签,如图 8-36 所示。

Step 02 在"行为"面板中单击"添加行为"按钮 ,在弹出的下拉列表中选择"弹出信息"选项,如图 8-37 所示。

图 8-36　单击<body>标签　　　　　　　图 8-37　选择"弹出信息"选项

Step 03 弹出"弹出信息"对话框,在"消息"文本框中输入所需的内容,然后单击"确定"按钮,如图 8-38 所示。

Step 04 按【Ctrl+S】组合键保存网页文档，按【F12】键在浏览器中预览效果，如图 8-39
所示。

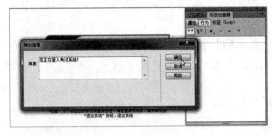

图 8-38　输入消息内容

图 8-39　预览效果

二、设置状态栏文本

　　使用"设置状态栏文本"行为可以设置在浏览器窗口底部的状态栏中显示消息，例如，
可以使用此行为在状态栏中加入一些欢迎词或提示信息，具体操作方法如下：

Step 01 打开素材文件 "login\zt.html"，单击文档窗口底部的<body>标签，如图 8-40 所示。

Step 02 在 "行为" 面板中单击 "添加行为" 按钮 **+**，在弹出的下拉列表中选择 "设置文
本" | "设置状态栏文本" 选项，如图 8-41 所示。

图 8-40　单击<body>标签

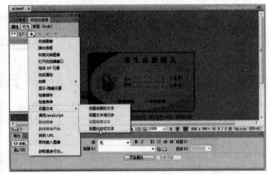

图 8-41　选择 "设置状态栏文本" 选项

Step 03 弹出 "设置状态栏文本" 对话框，在 "消息" 文本框中输入文本，然后单击 "确
定" 按钮，如图 8-42 所示。

Step 04 按【Ctrl+S】组合键保存网页文档，按【F12】键在浏览器中浏览状态栏效果，如
图 8-43 所示。

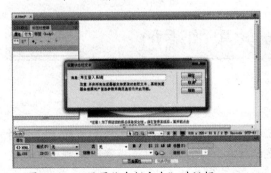

图 8-42　"设置状态栏文本" 对话框

图 8-43　预览效果

三、设置文本域文字

设置文本域文字是指以用户指定的内容替换表单文本域中原有的内容，具体操作方法如下：

Step 01 打开素材文件"login\wb.html"，选择文本域，在"行为"面板中单击"添加行为"按钮 +，在弹出的下拉列表中选择"设置文本"|"设置文本域文字"选项，如图8-44所示。

Step 02 弹出"设置文本域文字"对话框，在"新建文本"文本框中输入所需的内容，然后单击"确定"按钮，如图8-45所示。

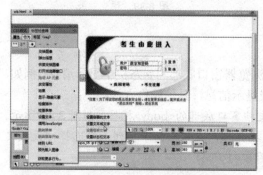

图 8-44　选择"设置文本域文字"选项

图 8-45　"设置文本域文字"对话框

Step 03 在"行为"面板中单击事件下拉按钮，在弹出的下拉列表中选择 onMouseOver 选项，如图8-46所示。

Step 04 按【Ctrl+S】组合键保存网页，按【F12】键进行预览，效果如图8-47所示。

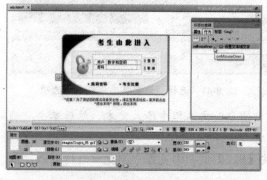

图 8-46　选择 onMouseOver 选项

图 8-47　预览效果

任务五　Spry 效果的添加

任务概述

Spry 效果是视觉增强功能，可以将它们应用于使用 JavaScript 的 HTML 页面上几乎所有的元素。效果通常用于在一段时间内高亮显示信息，创建动画过渡或者以可视方式修改页面元素。可以将效果直接应用于 HTML 元素，而无须其他自定义标签。

　　Spry 效果包括增大/收缩、挤压、显示/渐隐、晃动、滑动、遮帘、高亮颜色七种效果，下面将对其中常用的几种进行详细介绍。

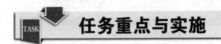

一、添加增大/收缩效果

　　增大/收缩效果适用于以下标签：address、dd、div、dl、dt、form、p、ol、ul、applet、center、dir、img、menu 或 pre。下面以图像标签<img>为例，为图像元素添加增大/收缩效果，具体操作方法如下：

Step 01 打开素材文件 "Spry\ks.html"，选中图像，在 "行为" 面板中单击 "添加行为" 按钮 +，在弹出的下拉列表中选择 "效果" | "增大/收缩" 选项，如图 8-48 所示。

Step 02 弹出 "增大/收缩" 对话框，设置相关参数，然后单击 "确定" 按钮，如图 8-49 所示。

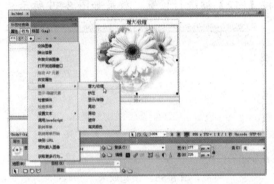

图 8-48　选择 "增大/收缩" 选项　　　　　图 8-49　设置增大/收缩参数

Step 03 此时，即可在 "行为" 面板中看到添加的行为，如图 8-50 所示。

Step 04 按【Ctrl+S】组合键保存网页，按【F12】键在浏览器中预览效果，如图 8-51 所示。

图 8-50　查看创建的行为　　　　　　　　图 8-51　预览效果

二、添加挤压效果

　　挤压效果适用于以下标签：address、dd、div、dl、dt、form、p、ol、ul、applet、center、dir、img、menu 或 pre。下面以段落标签<p>为例，为文本添加挤压效果，具体操作方法如下：

Step 01 打开素材文件 "Spry\jy.html"，在 "行为" 面板中单击 "添加行为" 按钮 ⊞，在弹出的下拉列表中选择 "效果" | "挤压" 选项，如图 8-52 所示。

Step 02 弹出 "挤压" 对话框，保持默认设置，单击 "确定" 按钮，如图 8-53 所示。

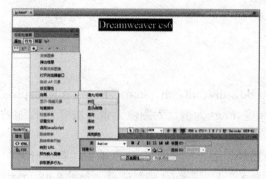

图 8-52 选择 "挤压" 选项

图 8-53 确认挤压设置

Step 03 此时，即可在 "行为" 面板中看到创建的行为，如图 8-54 所示。

Step 04 按【Ctrl+S】组合键保存网页文档，按【F12】键进行预览，效果如图 8-55 所示。

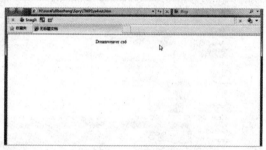

图 8-54 查看创建的行为

图 8-55 预览效果

三、添加显示/渐隐效果

显示/渐隐效果适用于除 applet、body、iframe、object、tr、tbody 或 th 以外的所有标签。下面以图像标签<img>为例添加渐隐效果，具体操作方法如下：

Step 01 打开素材文件 "Spry\yc.html"，选中图像，在 "行为" 面板中单击 "添加行为" 按钮 ⊞，在弹出的下拉列表中选择 "效果" | "显示/渐隐" 选项，如图 8-56 所示。

Step 02 弹出 "显示/渐隐" 对话框，设置相关参数，然后单击 "确定" 按钮，如图 8-57 所示。

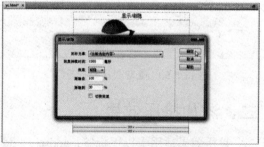

图 8-56 选择 "显示/渐隐" 选项

图 8-57 设置显示/渐隐参数

Step 03 此时，即可在"行为"面板中看到创建的行为，如图 8-58 所示。

Step 04 按【Ctrl+S】组合键保存网页文档，按【F12】键进行预览，效果如图 8-59 所示。

图 8-58　查看创建的行为　　　　　　　　　　　　图 8-59　预览效果

项目小结

通过本项目的学习，读者应重点掌握以下知识：

（1）利用行为调节浏览器，如自动关闭网页。

（2）交换图像与恢复交换图像。

（3）利用行为显示文本，如在状态栏设置文本。

（4）为网页图像添加增大/收缩、挤压等 Spry 效果。

项目习题

如何创建自动东关闭网页？

操作提示：

① 打开素材文件 "exercise.html"，单击文档窗口底部的<body>标签，在"行为"面板中单击"添加行为"按钮 + ，在弹出的下拉列表中选择"调用 JavaScript 选项，弹出"调用 JavaScript"对话框，在文本框中输入 window.close()，然后单击"确定"按钮，如图 8-60 所示。

② 按【Ctrl+S】组合键保存网页，按【F12】键在浏览器中预览，效果如图 8-61 所示。

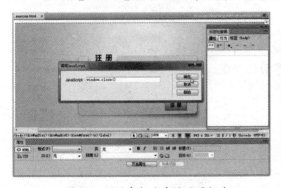 

图 8-60　创建自动关闭网页行为　　　　　　　　　图 8-61　预览效果

项目九　Flash CS6 快速入门

项目概述

    Flash 是一款非常优秀的动画制作软件，利用它可以制作出丰富多彩的动画，创建网页交互程序，还可以将音乐、声效、动画及富有新意的界面融合在一起，制作出高品质的动画。本章将引领读者快速掌握 Flash 入门知识。

项目重点

- 了解 Flash CS6 工作界面及各个部分的功能。
- 掌握创建、打开和保存文档的基本操作方法。
- 学会设置工作场景的操作方法。
- 学会使用标尺、网格和辅助线的方法。
- 掌握绘图工具、选取工具、颜色设置工具以及文本工具的使用方法。

项目目标

- 掌握 Flash CS6 中各部分工具的作用及使用方法。
- 能够利用简单的绘图工具、颜色设置工具和文本工具创建简单的基本对象。
- 能够利用选取工具编辑简单的对象。

任务一　Flash CS6 工作界面

任务概述

    Flash CS6 人性化的设计方式最大限度地增加了工作区域，从而更加有利于设计人员的使用。下面将详细介绍 Flash CS6 的工作界面的组成。

任务重点与实施

一、工作界面

    Flash CS6 的工作界面由菜单栏、工具箱、时间轴、面板和舞台等组成，如图 9-1 所示。

菜单栏 ——

面板

舞台 ——

工具箱

时间轴 ——

图 9-1　Flash CS6 工作界面

二、菜单栏

菜单栏由"文件"、"编辑"、"视图"、"插入"、"修改"、"文本"、"命令"、"调试"、"控制"、"窗口"和"帮助" 11 个菜单组成，其中汇集了 Flash CS6 的所有命令。

1. "文件"菜单

该菜单中包含所有与文件相关的操作，如"新建"、"打开"和"保存"等命令，如图 9-2 所示。

2. "编辑"菜单

该菜单中包含常用的"撤销"、"剪切"、"复制"、"查找"和"替换"等命令，如图 9-3 所示。

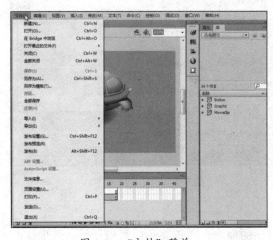

图 9-2　"文件"菜单

图 9-3　"编辑"菜单

3. "视图"菜单

视图窗口的缩放，辅助标尺、网格、辅助线的开启与关闭，与对象对齐方式等功能对

网页制作三合一项目教程

应的命令均包含在该菜单中，如图 9-4 所示。

4."插入"菜单

该菜单中主要包括有关新元件的插入，时间轴上的各种对象（图层、关键帧等）的插入，以及时间轴特效和场景的插入等命令，如图 9-5 所示。

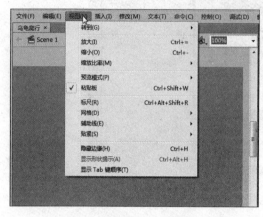

图 9-4　"视图"菜单　　　　　　　　　图 9-5　"插入"菜单

5."修改"菜单

该菜单主要针对 Flash 文档、元件、形状、时间轴及时间轴特效，此外还包括工作区中各元件实例的变形、排列和对齐等命令，如图 9-6 所示。

6."文本"菜单

该菜单主要用于设置文本字体、大小和样式等，如图 9-7 所示。

图 9-6　"修改"菜单　　　　　　　　　图 9-7　"文本"菜单

7."命令"菜单

Flash CS6 允许用户使用 JSFL 文件创建自己的命令，在该菜单中可以运行、管理这些命令或使用 Flash 默认提供的命令。

8．"控制"菜单

该菜单中主要包含影片的测试及影片播放时的控制命令，如图 9-8 所示。

9．"调试"菜单

该菜单主要用于调试当前影片中的动作脚本。

10．"窗口"菜单

该菜单主要用于控制各种面板、窗口的开启与关闭，如图 9-9 所示。

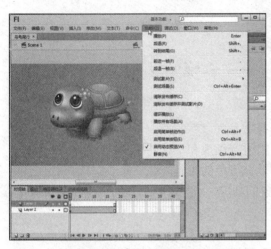 

图 9-8　"控制"菜单　　　　　　　　　图 9-9　"窗口"菜单

三、"时间轴"面板

　　"时间轴"面板是 Flash CS6 工作界面中的浮动面板之一，是 Flash 动画制作过程中操作最为频繁的面板之一，几乎所有的动画都需要在"时间轴"面板中进行制作。"时间轴"面板主要由图层和帧两部分组成，如图 9-10 所示。

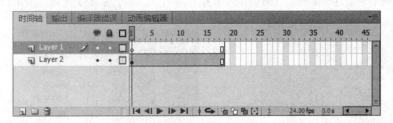

图 9-10　"时间轴"面板

四、工具箱

　　使用工具箱中的工具可以进行绘图、上色、选择和修改，还可以更改舞台的视图。工具箱分为 4 部分，如图 9-11 所示。

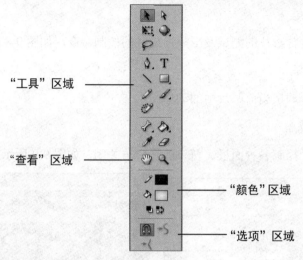

"工具"区域 ————

"查看"区域 ————

"颜色"区域

"选项"区域

图 9-11 工具箱

> **"工具"区域**：包含绘图、上色和选择工具。
> **"查看"区域**：包含在应用程序窗口内进行缩放和平移的工具。
> **"颜色"区域**：包含用于笔触颜色和填充颜色的工具。
> **"选项"区域**：包含用于当前所选对象的功能，功能影响工具的上色和编辑操作。

五、面板

在 Flash CS6 中提供了各类面板，用于观察、组织和修改 Flash 动画中的各种对象元素，如形状、颜色、文字、实例和帧等。在默认情况下，面板组停靠在工作界面的右侧。下面将详细介绍几个常用的面板。

1. "颜色/样本"面板组

在默认情况下，"颜色"面板和"样本"面板合为一个面板组。"颜色"面板用于设置笔触颜色、填充颜色及透明度等，如图 9-12 所示。"样本"面板中存放了 Flash 中所有颜色，单击面板右侧的按钮 ，在弹出的下拉菜单中可以对其进行管理，如图 9-13 所示。

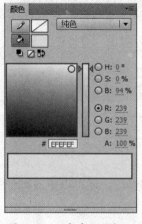

图 9-12 "颜色"面板

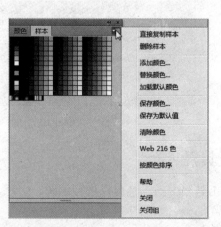

图 9-13 "样本"面板

2."库/属性"面板组

默认情况下,"库"面板和"属性"面板合为一个面板组。"库"面板用于存储和组织在 Flash 中创建的各种元件,以及导入的文件,包括位图图形、声音文件和视频剪辑等,如图 9-14 所示。

"属性"面板用于显示和修改所选对象的参数。当不选择任何对象时,"属性"面板中显示的是文档的属性,如图 9-15 所示。

图 9-14　"库"面板

图 9-15　"属性"面板

3."动作"面板

"动作"面板用于编辑脚本。"动作"面板由三个窗格构成:动作工具箱、脚本导航器和脚本窗格,如图 9-16 所示。

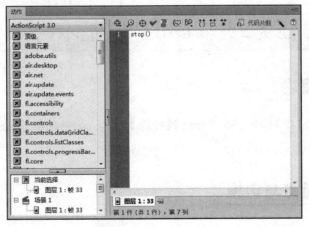

图 9-16　"动作"面板

4."对齐/信息/变形"面板组

在默认情况下,"对齐"面板、"信息"面板和"变形"面板组合为一个面板组。其中,"对齐"面板主要用于对齐同一个场景中选中的多个对象,如图 9-17 所示;"信息"面板主要用于查看所选对象的坐标、颜色、宽度和高度,还可以对其参数进行调整,如图 9-18

所示;"变形"面板用于对所选对象进行大小、旋转和倾斜等变形处理,如图 9-19 所示。

图 9-17 "对齐"面板   图 9-18 "信息"面板   图 9-19 "变形"面板

若工作区中没有这些面板,在菜单栏的"窗口"菜单下都可以找到,选择其中的命令即可显示相应的面板。

除了上述面板外,Flash CS6 还有许多其他的面板,如"滤镜"面板、"参数"面板、"调试控制台"面板和"辅助功能"面板等,其功能和特点在此不再逐一介绍。这些面板在"窗口"菜单中都可以找到,单击相应的命令即可将其打开。

5.舞台和场景

舞台是 Flash 创作的工作区域,如图 9-20 所示。舞台是编辑动画内容的区域,这些内容包括矢量插图、文本框、按钮、导入的位图图形或视频剪辑等。动画在播放时仅显示舞台上的内容。

图 9-20 舞台

任务二 Flash CS6 基本操作

下面将详细介绍在 Flash CS6 中如何进行基本操作,其中包括 Flash 文档的管理、工作区操作等。

一、Flash 文档管理

下面将详细介绍如何对 Flash 文件进行管理,如新建文件、保存文件、打开文件及关闭文件等。

1.新建文档

新建 Flash 文档是使用 Flash 进行工作的第一步,最常用的新建 Flash 文档的方法如下:

方法一：利用列表新建

启动 Flash CS6，显示其初始界面，从中选择合适的文档类型，即可新建相应的文档，如图 9-21 所示。

方法二：利用菜单新建

如果在制作过程中需要新建一个 Flash 文档，只需选择"文件"|"新建"命令，弹出"新建文档"对话框，选择需要新建的文档类型，然后单击"确定"按钮即可，如图 9-22 所示。

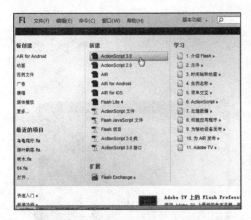

图 9-21　利用列表新建　　　　　　　　图 9-22　"新建文档"对话框

2．保存文档

当动画制作完成后，需要对文件进行保存，通常有 4 种保存文件的方法，分别为保存文件、另存文件、另存为模板文件和全部保存文件，下面将分别对其进行介绍。

（1）保存文件

如果是第一次保存文件，可单击"文件"|"保存"命令，如图 9-23 所示，弹出"另存为"对话框，其中有 6 种保存类型，如图 9-24 所示。如果文件原来已经保存过，则直接单击"保存"命令或按【Ctrl+S】组合键即可。

图 9-23　单击"保存"命令

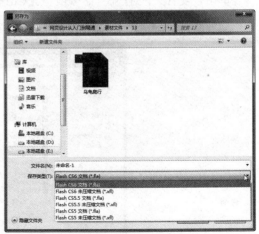

图 9-24　"另存为"对话框

（2）另存文件

单击"文件"|"另存为"命令，可以将已经保存的文件以另一个名称或在另一个位置进行保存。在弹出的"另存为"对话框中可以对文件进行重命名，也可以修改保存类型，如图9-25所示。

（3）另存为模板

单击"文件"|"另存为模板"命令或按【Ctrl+Shift+S】组合键，可以将文件保存为模板，这样就可以将该文件中的格式直接应用到其他文件中，从而形成统一的文件格式。

在弹出的"另存为模板"对话框中可以填写模板名称，选择其类别，对模板进行描述，如图9-26所示。

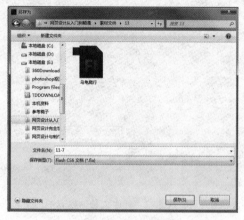

图9-25　"另存为"对话框　　　　　　　　9-26　"另存为模板"对话框

（4）全部保存文件

"全部保存"命令用于同时保存多个文档，若这些文档曾经保存过，选择该命令后系统会对所有打开的文档再次进行保存；若没有保存过，系统会弹出"另存为"对话框，然后逐个对其进行保存即可。

3．打开文档

单击"文件"|"打开"命令或按【Ctrl+O】组合键，弹出"打开"对话框。选择要打开文件的路径，选中要打开的文件，然后单击"打开"按钮即可，如图9-27所示。

图9-27　"打开"对话框

二、工作区操作

工作区是进行 Flash 影片创作的场所，其中包括菜单、场景和面板。用户可以根据自己的需要来显示工作面板和辅助功能，创建工作区。

1．设置动画场景

新建文档后，需要根据制作的实际需要对文档的各项属性进行设置，以便制作动画，其工作窗口如图 9-28 所示。在窗口的右侧显示有"属性"面板，主要有 FPS（帧频）、大小、舞台（颜色）3 个选项。

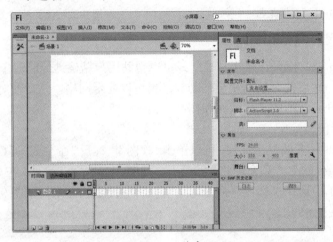

图 9-28　工作窗口

设置动画场景的具体操作方法如下：

Step 01 单击"修改"｜"文档"命令，如图 9-29 所示。

Step 02 弹出"文档设置"对话框，在"尺寸"文本框中输入所需的尺寸，如图 9-30 所示。

图 9-29　单击"文档"命令

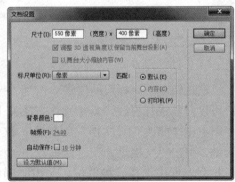

图 9-30　"文档设置"对话框

Step 03 单击背景颜色块，在打开的面板中选择所需的颜色，如图 9-31 所示。

Step 04 在"帧频"文本框中设置当前文档中动画的播放速度，然后单击"确定"按钮，如图 9-32 所示。

图 9-31　选择颜色

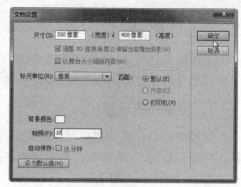

图 9-32　设置动画播放速度

2. 使用标尺、网格和辅助线

在 Flash CS6 中，标尺、网格和辅助线可以帮助用户精确地绘制对象。用户可以在文档中显示辅助线，然后使对象贴紧至辅助线；也可以显示网格，然后使对象贴紧至网格，这样可以大大提升设计师的工作效率和作品品质。

（1）使用标尺

在 Flash CS6 中，若要显示标尺，可以单击"视图"|"标尺"命令或按【Ctrl+Alt+Shift+R】组合键，此时在舞台的上方和左侧将显示标尺，如图 9-33 所示。另外，在舞台空白处右击，在弹出的快捷菜单中选择"标尺"命令，也可以将标尺显示出来，如图 9-34 所示。

图 9-33　显示标尺

图 9-34　选择"标尺"命令

默认情况下，标尺的度量单位为"像素"，用户可以对其进行更改，具体操作方法如下：

单击"修改"|"文档"命令或按【Ctrl+J】组合键，弹出"文档设置"对话框，在"标尺单位"下拉列表框中选择一种单位，单击"确定"按钮即可，如图 9-35 所示。

（2）使用网格线

单击"视图"|"网格"|"显示网格"命令或按【Ctrl+′】组合键，舞台中将会显示出网格线，如图 9-36 所示。

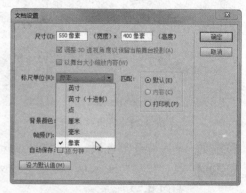

图 9-35　"文档设置"对话框

另外，根据需要对网格线的颜色和大小进行修改，还可以设置"贴紧至网格"及"贴紧精确度"。单击"视图"|"网格"|"编辑网格"命令，在弹出的"网格"对话框中进行相应的设置，然后单击"确定"按钮即可，如图 9-37 所示。

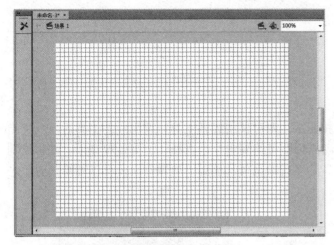

图 9-36　显示网格　　　　　　　　　图 9-37　"网格"对话框

（3）使用辅助线

在显示标尺的情况下，将鼠标指针移至水平或垂直标尺上，单击鼠标时指针下方会出现一个小三角，按住鼠标左键拖动，移至合适的位置后松开鼠标，即可绘制出一条辅助线，如图 9-38 所示。

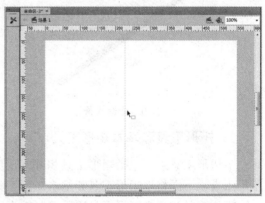

图 9-38　绘制辅助线

任务三　基本工具的使用

任务概述

本任务主要介绍图形的绘制与编辑、对象的选择和操作、颜色配置和图像填充，以及文本的输入等内容。通过运用这些知识，可以在舞台区域中设计和创作各种基本图形。熟练掌握这些工具的运用，对后期制作动画会起到至关重要的作用。

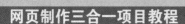

Flash CS6 的基本工具有绘图工具、选择工具、变形工具等，下面将分别对其进行详细介绍。

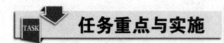

一、绘图工具

1. 线条工具

单击工具箱中的"线条工具"按钮，即可调用线条工具。调用线条工具后，鼠标指针变为田形状，按住鼠标左键并拖动鼠标即可绘制出一条直线，如图 9-39 所示。此时绘制的直线"笔触颜色"和"笔触高度"为系统默认值，通过"属性"面板可以对绘制对象进行相应的属性设置，如图 9-40 所示。

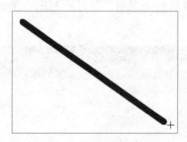

图 9-39　绘制线条

图 9-40　设置绘制对象属性

2. 矩形工具和基本矩形工具

多边形工具组中包括矩形工具和基本矩形工具、椭圆工具和基本椭圆工具，以及多角星形工具，下面将以矩形工具和基本矩形工具为例来进行介绍。

矩形工具与基本矩形工具用于绘制矩形。矩形工具不但可以设置笔触大小和样式，还可以通过设置边角半径来修改矩形的形状。

（1）矩形工具

在工具箱中单击"矩形工具"按钮，即可调用该工具。在调用矩形工具后，将鼠标指针置于舞台中，指针变为十字形状，按住鼠标左键并拖动鼠标即可以单击处为一个角点绘制一个矩形，如图 9-41 所示。

按住【Shift】键的同时拖动鼠标，可以绘制出正方形；按住【Alt】键的同时拖动鼠标，可以单击处为中心进行绘制；按住【Shift+Alt】组合键的同时拖动鼠标，则可以单击处为中心绘制正方形，如图 9-42 所示。

图 9-41 绘制矩形

图 9-42 绘制正方形

在绘制矩形前，可以对矩形工具的参数进行设置，以绘制出自己需要的图形。例如，在"属性"对话框中设置矩形工具的填充和笔触样式，在"矩形选项"选项区中单击锁定按钮 并分别设置各边角的半径，如图 9-43 所示。在舞台中拖动鼠标绘制矩形，效果如图 9-44 所示。

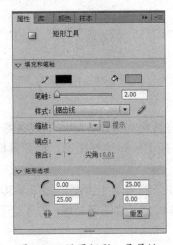

图 9-43 设置矩形工具属性

图 9-44 绘制矩形

（2）基本矩形工具

使用基本矩形工具绘制的图形为对象，其基本操作方法与矩形工具的相同。但使用基本矩形工具绘制图形后，可以在"属性"面板中再进行调整。

使用基本矩形工具绘制矩形，如图 9-45 所示。在"属性"面板中设置该矩形的圆角，效果如图 9-46 所示。

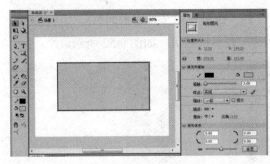

图 9-45 绘制矩形

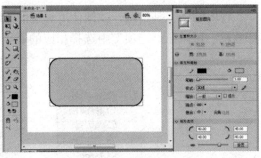

图 9-46 设置矩形圆角

3. 铅笔工具

单击工具箱中的"铅笔工具"按钮 ✐，即可调用铅笔工具。这时将鼠标指针移至舞台，当其变为 ✐ 形状时即可绘制线条。它所对应的"属性"面板和线条工具的是相同的，其参数设置不再赘述，如图 9-47 所示。

铅笔工具有 3 种模式，选择铅笔工具后，在其选项区中单击"铅笔模式"按钮，将弹出下拉工具列表，如图 9-48 所示。

图 9-47 "属性"面板

图 9-48 铅笔模式

下面对这 3 种模式分别进行介绍，其中：

➤ **"伸直"模式**：选择该模式，绘制出的线条将转化为直线，即降低线条的平滑度。选择铅笔工具后，在舞台中按住鼠标左键并拖动鼠标绘制图形，松开鼠标后曲线部分将转化为一段直线，如图 9-49 所示。

➤ **"平滑"模式**：选择该模式，可以增加绘制线条的自动平滑度，如图 9-50 所示。

➤ **"墨水"模式**：选择该模式，绘制出的线条基本上不做任何处理，即不会有任何变化，如图 9-51 所示。

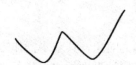
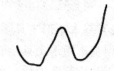

图 9-49 使用"伸直"模式绘制　　图 9-50 使用"平滑"模式绘制　　图 9-51 使用"墨水"模式绘制

4. 刷子工具

使用刷子工具绘画，就像使用真正的画笔一样，可以采用各种类型的笔触生成多种特殊效果，可以在"选项"中选择相应的刷子模式、大小和形状，如图 9-52 所示。

图 9-52 刷子模式、大小和形状

刷子工具是在影片中进行大面积上色时使用的。虽然利用颜料桶工具也可以给图形设置填充色，但它只能给封闭的图形上色，而使用刷子工具则可以给任意区域和图形进行颜色的填充。刷子工具多用于对填充目标的填充精度要求不高的场合，使用起来非常灵活。

刷子工具 5 种绘画模式的效果分别如图 9-53 所示。

标准绘画　　　颜料填充　　　后面绘画　　　颜料选择　　　内部绘画

图 9-53　刷子工具 5 种绘画模式的效果

- ➤ **标准绘画**：直接在线条和填充区域上涂抹。
- ➤ **颜料填充**：只涂抹选择工具和套索工具选取的区域，而描边不受影响。
- ➤ **后面绘画**：只涂抹填充区域与边线以内的空白区域，而描边和填充区域不受影响。
- ➤ **颜料选择**：只涂抹填充区域，而边框不受影响。
- ➤ **内部绘画**：只涂抹最先被刷子工具选中的内部区域，而描边不受影响。

5．钢笔工具

利用钢笔工具可以绘制精确路径、直线或者平滑、流畅的曲线，可以生成直线或曲线，还可以调节直线的角度和长度、曲线的倾斜度。

钢笔工具不但具有铅笔工具的特点，可以绘制曲线，而且可以绘制闭合的曲线。同时，钢笔工具又可以像线条工具一样绘制出所需要的直线，还可以对绘制好的直线进行曲率调整，使之变为相应的曲线。但钢笔工具并不能完全取代线条工具和铅笔工具，毕竟它在绘制直线和各种曲线时没有线条工具和铅笔工具方便。

在绘制一些要求很高的曲线时，最好使用钢笔工具。钢笔工具还可以对路径的锚点进行调整，通过添加锚点工具、删除锚点工具及转换锚点工具对路径进行选择和修改，如图 9-54 所示。

图 9-54　使用钢笔工具绘制路径

二、选取工具

1．选择工具

在 Flash 中，利用选择工具可以选择所需的对象。选择对象是编辑或进行其他操作的第一步，只有选择对象确定操作目标后，才能进行下一步操作，具体操作方法如下：

Step 01 打开素材文件"小蜜蜂.fla"，选择选择工具，在舞台中单击对象，即可选中相应的目标，如图 9-55 所示。

Step 02 在选择的对象上按住鼠标左键并拖动，即可移动所选的对象，如图 9-56 所示。

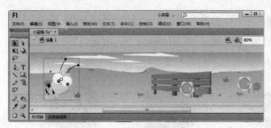

图 9-55　选择对象　　　　　　　　　图 9-56　移动对象

在 Flash 中，若想选择多个对象，可以用鼠标直接框选全部对象，也可以先选择一个对象，如何在按住【Shift】键的同时选择其他对象。

2. 部分选取工具

部分选择工具主要用于修改和调整对象的路径，它可以使对象以锚点的形式进行显示，然后通过移动锚点或方向线来修改图形的形状。在"工具"面板中单击"部分选择工具"按钮，即可调用该工具。

Step 01 打开素材"部分选取.fla"文件，选择部分选择工具，将鼠标指针移到两个交叉的圆上单击鼠标左键，即可选中对象，此时对象上出现了锚点，如图 9-57 所示。

Step 02 单击锚点即可将锚点选中，同时出现该锚点的切线方向，拖动锚点即可调整其位置，如图 9-58 所示。

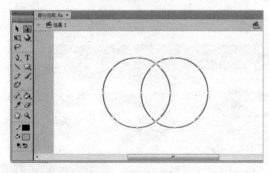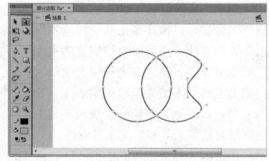

图 9-57　选中对象　　　　　　　　　图 9-58　移动锚点

Step 03 若想选择多个锚点，可以先选中一个锚点，然后按住【Shift】键的同时单击其他需要选中的锚点，如图 9-59 所示。

Step 04 若想删除锚点，只需选择一个或多个锚点，直接按【Delete】键即可，如图 9-60 所示。

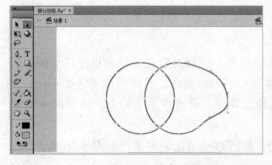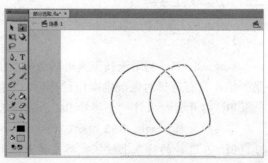

图 9-57　选中锚点　　　　　　　　　图 9-58　删除锚点

3. 套索工具

套索工具可用于选择对象，与选择工具不同的是，套索工具选择的对象可以是不规则的图形，也可以是多边形的图形。

使用套索工具选择对象的方法如下：

Step 01 打开素材文件"套索工具.fla"，按【Ctrl+B】组合键，将位图图片分离成形状，如图 9-61 所示。

Step 02 选择套索工具，在图片中按住鼠标左键并拖动进行选取，如图 9-62 所示。

图 9-61 分离图片　　　　　　　　　图 9-62 选取区域

Step 03 单击工具箱底部的"魔术棒"按钮，如图 9-63 所示。

Step 04 在图像中单击鼠标左键，即可将鼠标指针处颜色相近的区域选中，如图 9-64 所示。

图 9-63 单击"魔术棒"按钮　　　　　图 9-64 选择区域

Step 05 单击"魔术棒设置"按钮，弹出"魔术棒设置"对话框，设置各项参数，然后单击"确定"按钮，如图 9-65 所示。

Step 06 单击"多边形模式"按钮，可以选择由多条直线段组成的多边形区域，如图 9-66 所示。

图 9-65 设置魔术棒参数　　　　　　图 9-66 选择多边形区域

三、颜色设置工具

填充工具主要用于为图形填充颜色。在 Flash 工具箱中，填充工具包括墨水瓶工具、颜料桶工具与滴管工具，下面将分别对其使用方法进行介绍。

1. 颜料桶工具

使用颜料桶工具可以对封闭的区域填充颜色，也可以对已有的填充区域进行修改。单击工具箱中的颜料桶工具 🖌 或按【K】键，即可调用该工具。打开其"属性"面板，其中只有填充颜色可以修改，如图 9-67 所示。

选择颜料桶工具，单击其选项区中的"空隙大小"按钮 🔘，选择不同的选项，可以设置对封闭区域或带有缝隙的区域进行填充，如图 9-68 所示。

图 9-67 颜料桶工具"属性"面板

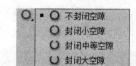

图 9-68 "空隙大小"选项

颜料桶工具的使用方法如下：

Step 01 打开素材文件"圆.fla"，选择颜料桶工具，单击"填充颜色"按钮，在调色板中选择所需的颜色，如图 9-69 所示。

Step 02 在圆上单击鼠标左键，即可为其填充颜色，效果如图 9-70 所示。

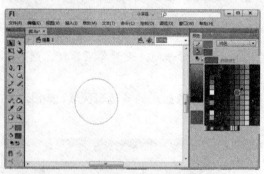

图 9-69 选择颜色

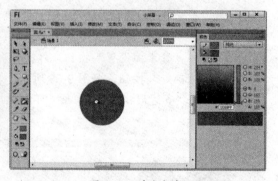

图 9-70 填充颜色

Step 03 在"颜色"面板中设置径向渐变颜色，然后使用颜料桶工具在圆上单击鼠标左键，效果如图 9-71 所示。

Step 04 若需要调整高光点，可选中颜料桶工具，在合适的位置单击鼠标左键即可改变高光点，效果如图 9-72 所示。

图 9-71　径向渐变填充

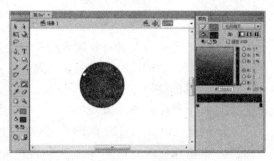

图 9-72　调整高光点

2. 墨水瓶工具

墨水瓶工具用于在绘图中更改线条和轮廓的颜色。它不仅能够在选定图形的轮廓线上加上规定的线条，并能在选中其情况下改变线段的粗细、颜色和线型等属性，还可以给打散后的文字和图形添加轮廓线。

使用墨水瓶工具更改图形颜色的具体操作方法如下：

Step 01　打开素材文件"墨水瓶.fla"，选择工具箱中的墨水瓶工具，在色板中选择需要的颜色，如图 9-73 所示。

Step 02　在矩形边缘处单击鼠标左键，既可给矩形加上轮廓，也可填充颜色，如图 9-74 所示。

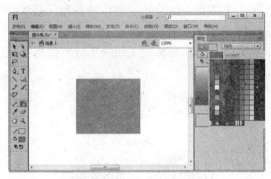

图 9-73　选择颜色

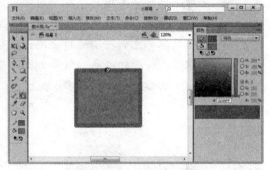

图 9-74　填充颜色

Step 03　在选择墨水瓶工具的情况下，在"属性"面板中也可以设置笔触的大小，如图 9-75 所示。

Step 04　此时，即可查看更改笔触大小的效果，如图 9-76 所示。

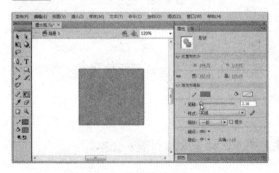

图 9-75　设置笔触大小

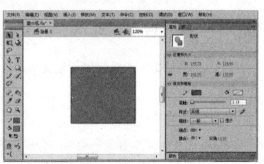

图 9-76　查看更改笔触大小的效果

3．滴管工具

滴管工具是吸取某种对象颜色的管状工具。单击工具箱中的滴管工具，鼠标指针就会变成滴管形状，表明此时已经激活了滴管工具，可以吸取某种颜色。

滴管工具的使用方法如下：

Step 01 打开素材文件"滴管.fla"，选中需要填充的对象，选择滴管工具，将鼠标指针移到被吸取颜色的图像上时，鼠标指针变成 形状，如图 9-77 所示。

Step 02 在被吸取颜色的图像上单击鼠标左键，此时，需要填充的对象即可填充上被吸取颜色图像的颜色，效果如图 9-78 所示。

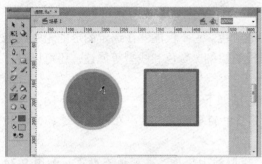
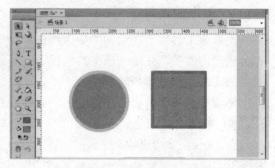

图 9-77　选择吸管工具　　　　　图 9-78　查看效果

Step 03 同理，选中需要填充的轮廓边框，选择吸管工具，然后将鼠标指针移到被吸取颜色的轮廓上，指针变成 形状，如图 9-79 所示。

Step 04 在被吸取颜色的轮廓边框上单击鼠标左键，此时，需要填充的轮廓即可填充上被吸取颜色轮廓的颜色，效果如图 9-80 所示。

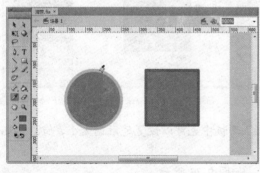
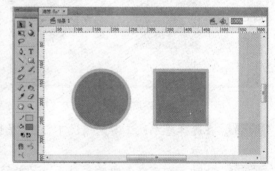

图 9-79　选择吸管工具　　　　　图 9-80　查看效果

四、文本工具

工具箱中的文本工具可以创建文本对象，在 Flash 中文本一共有两种状态：传统文本和 TLF 文本。

1．传统文本

Flash 中传统文本有 3 种类型，分别为静态文本、动态文本和输入文本。

（1）静态文本

使用文本工具输入并设置静态文本的具体操作方法如下：

Step 01 打开素材文件"古堡月色.fla",选择"文本工具"按钮T,在"属性"面板的"传统文本"下拉列表中选择"静态文本"选项,如图9-81所示。

Step 02 在"图层2"中单击并绘制文本框,输入所需的文本,如图9-82所示。

图9-81 选择"静态文本"选项

图9-82 输入文本

Step 03 除了可以在"属性"面板中设置字体样式、大小外,还可以添加滤镜。单击"添加滤镜"按钮,在弹出的下拉列表中选择"投影"选项,如图9-83所示。

Step 04 设置投影参数,查看投影效果,如图9-84所示。

图9-83 选择"投影"选项

图9-84 查看投影效果

(2)动态文本

动态文本包含外部源(如文本文件、XML文件及远程Web服务)加载的内容。动态文本足够强大,但并不完美,只允许动态显示,不允许动态输入。

创建动态文本的方法如下:

Step 01 打开素材文件"旭日东升.fla",选择"文本工具"按钮T。在"属性"面板的"文本类型"下拉列表中选择"动态文本"选项,如图9-85所示。

Step 02 在舞台中按住鼠标左键并拖动,即可绘制动态文本框,在其中输入文本,如图9-86所示。

图9-85 选择"动态文本"选项

图9-86 输入文本

Step 03 按【Ctrl+Enter】组合键测试动画，查看动态文本效果，如图 9-87 所示。

（3）创建输入文本

输入文本指输入任何文本或可以编辑的动态文本，创建输入文本的操作方法如下：

Step 01 打开素材文件"圣诞快乐.fla"，选择文本工具，在"属性"面板的"文本类型"下拉列表中选择"输入文本"选项，如图 9-88 所示。

图 9-87　查看动态文本效果

Step 02 在舞台中按住鼠标左键并拖动，绘制输入文本框。在"属性"面板中单击"在文本周围显示边框"图标▣，效果如图 9-89 所示。

图 9-88　选择"输入文本"选项

图 9-89　绘制文本框

Step 03 单击"消除锯齿"下拉按钮，在弹出的下拉列表中选择"使用设备字体"选项，如图 9-90 所示。

Step 04 按【Ctrl+Enter】组合键，测试动画。打开发布的 SWF 文件，即可在测试窗口中输入文本，如图 9-91 所示。

图 9-90　选择"使用设备字体"选项

图 9-91　输入文本

2. TLF 文本

与传统文本相比，TLF 文本提供了下列增强功能：

➢ 更多字符样式，包括行距、连字、加亮颜色、下画线、删除线、大小写、数字格式及其他。

➢ 更多段落样式，包括通过栏间距支持多列、末行对齐选项、边距、缩进、段落间距和容器填充值。

> ➢ 控制更多亚洲字体属性，包括直排内横排、标点挤压、避头尾法则类型和行距模型。
> ➢ 用户可以为 TLF 文本应用 3D 旋转、色彩效果及混合模式等属性，而无须将 TLF 文本放置在影片剪辑元件中。
> ➢ 文本可按顺序排列在多个文本容器中，该容器称为串接文本容器或链接文本容器。
> ➢ 能够针对阿拉伯语和希伯来语文字创建从右到左的文本。
> ➢ 支持双向文本，其中从右到左的文本可包含从左到右文本的元素。当遇到在阿拉伯语或希伯来语文本中嵌入英语单词或阿拉伯数字等情况时，此功能必不可少。

项目小结

通过本项目的学习，读者应重点掌握以下知识：

（1）了解 Flash CS6 工作界面。
（2）理解 11 个菜单栏选项的功能及作用。
（3）了解时间轴的组成部分及作用。
（4）掌握工具箱中四个组成部分的功能及作用。
（5）掌握颜色/样本面板、库/属性面板、动作面板以及对齐/信息/变形面板的作用。
（6）掌握如何新建文档、保存文档和打开文档等操作的方法。
（7）学会如何设置动画场景，如何使用标尺、网格和辅助线更精确地绘制对象。
（8）掌握使用线条、矩形、铅笔、钢笔等绘图工具绘制图形。
（9）学会使用选择工具、部分选取工具以及套索工具的使用方法。
（10）掌握颜料桶工具、墨水瓶工具以及滴管工具的使用方法。
（11）掌握创建静态文本和 TLF 文本的方法。

项目习题

（1）练习使用快捷键调用工具栏中的工具（将鼠标指针置于工具上，将显示相应的快捷键）。
（2）练习使用刷子工具绘制树干，如图 9-92 所示。
（3）使用 Flash 绘图工具绘制其他元素，并输入文字，效果如图 9-93 所示。

图 9-92　绘制树干

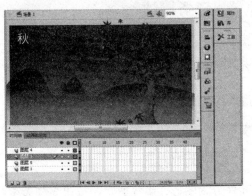

图 9-93　绘制其他元素

项目十　使用元件、实例与库

项目概述

　　元件是 Flash 动画中非常重要的组成部分，通过使用元件可以有效地减少动画中绘制工作及控制文件的大小。用户创建的任何元件都会自动成为当前文档库的一部分，"库"面板存储了在 Flash 文档中创建的元件及导入的文件。本项目将介绍 Flash 动画中元件、实例与库的使用方法。

项目重点

　　🍃 掌握创建、编辑与使用元件的方法。
　　🍃 学会创建与编辑实例的方法。
　　🍃 掌握"库"面板的使用方法。

项目目标

　　➲ 学会如何利用元件在舞台中创建实例，以及如何编辑实例。
　　➲ 学会如何利用"库"和"公共库"面板快速制作动画。

任务一　创建、编辑与使用元件

任务概述

　　元件是可以重复使用的图形、动画或按钮。下面将详细介绍元件的分类、元件的创建，以及元件的编辑等。

任务重点与实施

一、元件的创建

　　元件分为图形、影片剪辑、按钮 3 种类型，每种元件类型都有自己独特的使用技巧，下面将分别介绍这 3 种元件。

1. 图形元件

图形元件主要用于创建动画中的静态图像或动画片段。图形元件与主时间轴同步进行。交互式控件和声音在图形元件动画序列中不起作用。

创建图形元件的具体操作方法如下：

Step 01 单击"文件"|"新建"命令，新建一个文件并将其保存。单击"文件"|"导入"|"导入到舞台"命令，如图 10-1 所示。

Step 02 弹出"导入"对话框，选择要导入的图像，然后单击"打开"按钮，如图 10-2 所示。

图 10-1　单击"导入到舞台"命令

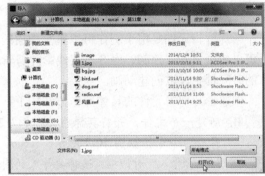

图 10-2　选择导入图像

Step 03 按【Ctrl+F8】组合键，弹出"创建新元件"对话框。在"类型"下拉列表中选择"图形"选项，然后单击"确定"按钮，如图 10-3 所示。

Step 04 进入元件编辑状态，选择文本工具，绘制文本框并输入文本，如图 10-4 所示。

图 10-3　"创建新元件"对话框

图 10-4　绘制文本框并输入文本

Step 05 单击"窗口"|"属性"命令，打开"属性"面板，从中设置文本相关属性，如图 10-5 所示。

Step 06 单击"场景 1"图标返回场景，在"库"面板中将"元件 1"拖至舞台中，效果如图 10-6 所示。

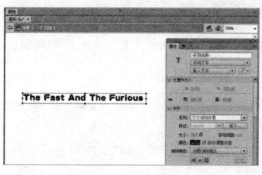

图 10-5　设置文本属性

图 10-6　拖入元件

2. 影片剪辑元件

影片剪辑元件是用于制作可以重复使用的独立于影片时间轴的动画片段。影片剪辑元件可以包括交互式控制、声音及其他影片剪辑的实例，也可以把影片剪辑实例放在按钮元件的时间轴中，以创建动画。

创建影片剪辑元件的具体操作方法如下：

Step 01　新建一个文件，并将其保存为"影片剪辑.fla"。单击"文件"|"导入"|"导入到舞台"命令，如图 10-7 所示。

Step 02　弹出"导入"对话框，选择要导入的图像，然后单击"打开"按钮，如图 10-8 所示。

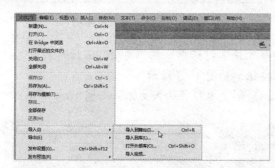

图 10-7　单击"导入到舞台"命令

图 10-8　选择导入图像

Step 03　单击"时间轴"面板底部的"新建图层"按钮，新建"图层 2"。单击"插入"|"新建元件"命令，如图 10-9 所示。

Step 04　弹出"创建新元件"对话框，在"类型"下拉列表框中选择"影片剪辑"选项，然后单击"确定"按钮，如图 10-10 所示。

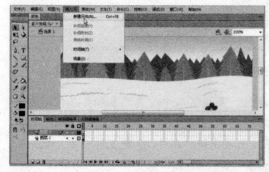

图 10-9　单击"新建元件"命令

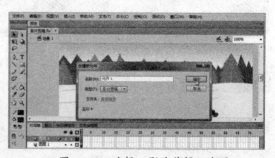

图 10-10　选择"影片剪辑"选项

Step 05 进入元件编辑状态，打开素材文件"倒立的狗.fla"，选中图层中的所有帧，并按
【Ctrl+C】组合键进行复制，如图 10-11 所示。

Step 06 切换至 dog 文档窗口，在新建图层的帧上右击，在弹出的快捷菜单中选择"粘贴
帧"命令，如图 10-12 所示。

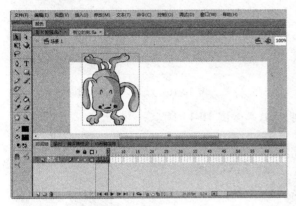

图 10-11　复制帧

图 10-12　粘贴帧

Step 07 单击"场景 1"图标返回场景，在"库"面板中将"元件 1"拖至舞台中，如图
10-13 所示。

Step 08 选择任意变形工具，调整"元件 1"的大小。按【Ctrl+Enter】组合键预览影片，
效果如图 10-14 所示。

图 10-13　拖动元件

图 10-14　预览影片

3. 按钮元件

按钮元件实质上是一个 4 帧的交互影片剪辑，可以根据按钮出现的每一种状态显示不
同的图像、相应鼠标动作而执行指定的行为，可以通过在 4 帧时间轴上创建关键帧指定不
同的按钮状态。

创建按钮元件的具体操作方法如下：

Step 01 新建一个文件，按【Ctrl+F8】组合键创建新元件，弹出"创建新元件"对话框。
选择"类型"下拉列表中的"按钮"选项，然后单击"确定"按钮，如图 10-15
所示。

Step 02 此时，即可进入元件编辑状态，选择矩形工具，在"属性"面板中设置圆角矩形
的半径为 10，如图 10-16 所示。

图 10-15　创建新元件

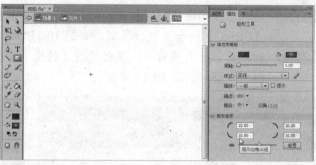

图 10-16　设置圆角矩形半径

Step 03　在场景中绘制矩形，且填充渐变色，效果如图 10-17 所示。

Step 04　选择文本工具，输入文字，在文字"属性"面板中设置参数，效果如图 10-18 所示。

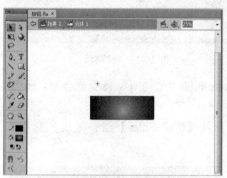

图 10-17　绘制矩形并填充渐变色

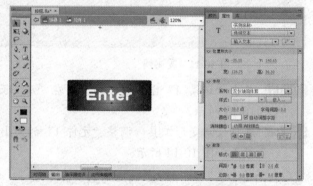

图 10-18　输入并设置文字

Step 05　打开"时间轴"面板，在"时间轴"面板中设置不同帧时，字体的显示方式不同，如图 10-19 所示。

Step 06　单击"场景 1"图标返回场景，按【Ctrl+Enter】组合键预览影片，单击按钮时，效果如图 10-20 所示。

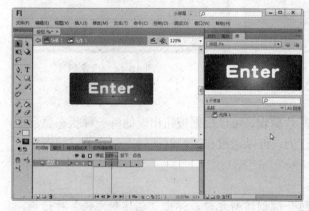

图 10-19　"时间轴"面板

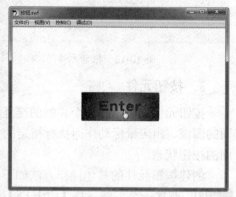

图 10-20　预览影片

二、元件的编辑

　　Flash 提供了 3 种方式来编辑元件，即在当前位置编辑元件、在新窗口中编辑元件和在元件编辑模式下编辑元件。在编辑元件时，Flash 将更新文档中该元件的所有实例。

1. 在当前位置编辑元件

在当前位置编辑元件应使用"在当前位置编辑"命令，可以在该元件和其他对象放在一起的舞台上编辑它，其他对象以灰色方式出现，从而将它们和正在编辑的元件区分开来。

在当前位置编辑元件的具体操作方法如下：

Step 01 打开素材文件"飞镖.fla"，在舞台上选择该元件的一个实例并右击，在弹出的快捷菜单中选择"在当前位置编辑"命令，如图 10-21 所示。

Step 02 进入元件编辑状态，舞台中的其他对象将模糊显示，效果如图 10-22 所示。

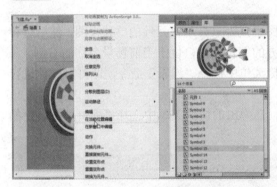
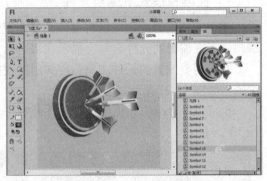

图 10-21　选择"在当前位置编辑"命令　　　　图 10-22　查看显示效果

Step 03 根据需要编辑元件，可以改变元件的大小、位置等属性，如图 10-23 所示。

Step 04 单击"场景 1"图标返回主场景，查看最终效果，如图 10-24 所示。

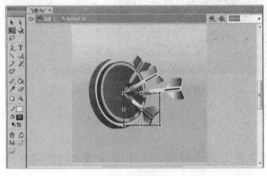
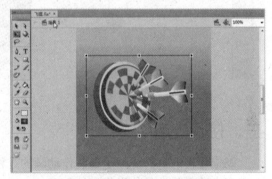

图 10-23　编辑元件　　　　　　　　　图 10-24　查看最终效果

2. 在新窗口中编辑元件

使用"在新窗口中编辑"命令可以在一个单独的窗口中编辑元件。在单独的窗口中编辑元件时，可以同时看到该元件与主时间轴，正在编辑的元件名称会显示在舞台上方的编辑栏中。

在新窗口中编辑元件的具体操作方法如下：

Step 01 在舞台上选择该元件的一个实例并右击，在弹出的快捷菜单中选择"在新窗口中编辑"命令，如图 10-25 所示。

Step 02 进入一个新窗口，根据需要编辑元件。编辑完成后单击标题栏上的"关闭"按钮，返回主场景，如图 10-26 所示。

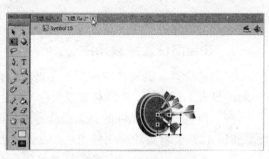

图 10-25　选择"在新窗口中编辑"命令　　　　图 10-26　编辑元件

3．在编辑模式下编辑元件

使用元件编辑模式可以将窗口从舞台视图更改为只显示该元件的单独视图，然后进行编辑。正在编辑的元件名称会显示在舞台上方的编辑栏中，位于当前场景名称的右侧。

右击需要编辑的元件实例，在弹出的快捷菜单中选择"编辑"命令，即可对元件进行编辑，如图 10-27 所示。

也可以在"库"面板中选中元件并右击，在弹出的快捷菜单中选择"编辑"命令，如图 10-28 所示。

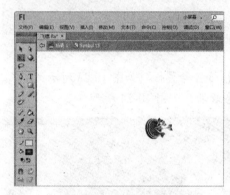

图 10-27　编辑元件　　　　　　　　图 10-28　选择"编辑"命令

三、使用元件

制作元件的目的是为了在制作动画的过程中更方便地使用，下面将介绍如何使用库或公共库中的元件，具体操作方法如下：

Step 01　打开素材文件"Christmas.fla"，按【Ctrl+L】组合键，打开"库"面板，如图 10-29 所示。

Step 02　使用选择工具将所需的元件拖入舞台，并进行排列，效果如图 10-30 所示。

图 10-29　打开"库"面板　　　　　　图 10-30　拖入元件

任务二　实例的创建与编辑

任务概述

在创建元件后，可以在文档中的任何地方创建该元件的实例。当修改元件时，Flash会自动更新所有的实例。下面将详细介绍实例的创建与编辑方法。

任务重点与实施

一、创建实例

元件仅存在于"库"面板中，当将库中的元件拖入舞台后，它便成为一个实例。拖动一次便产生一个实例，拖动两次则可以产生两个实例。

在 Flash CS6 中创建实例的具体操作方法如下：

Step 01 打开素材文件"风景.fla"，按【Ctrl+L】组合键打开"库"面板，如图 10-31 所示。

Step 02 单击"新建图层"按钮，新建"图层 2"，如图 10-32 所示。

图 10-31　打开"库"面板

图 10-32　新建图层

Step 03 在"库"面板中，将"蝴蝶"元件拖至舞台中，即可创建一个实例，如图 10-33 所示。

Step 04 按【Ctrl+Enter】组合键测试动画，效果如图 10-34 所示。

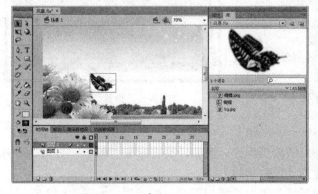
图 10-33　创建实例

图 10-34　预览效果

二、编辑实例

下面将详细介绍如何对实例进行编辑操作，其中包括复制实例，设置实例颜色样式，改变实例类型，以及分离与交换实例等。

1．设置实例颜色样式

通过"属性"面板可以为一个元件的不同实例设置不同的颜色样式，其中包括设置亮度、色调和 Alpha 值等。

设置实例颜色样式的具体操作方法如下：

Step 01 打开素材文件 "bird.fla"，在舞台中选择一个实例，切换至"属性"面板，如图 10-35 所示。

Step 02 单击"样式"下拉按钮，在弹出的下拉列表中选择"色调"选项，设置各项参数，效果如图 10-36 所示。

图 10-35　选择实例　　　　　　　　　图 10-36　调整实例色调

Step 03 单击"样式"下拉按钮，在弹出的下拉列表中选择 Alpha 选项，设置 Alpha 值为 20%，效果如图 10-37 所示。

Step 04 按【Ctrl+Enter】组合键测试影片，效果如图 10-38 所示。

图 10-37　选择 Alpha 选项　　　　　　　图 10-38　预览效果

2．改变实例类型

修改实例类型可以对实例进行不同的编辑操作，例如，要将原来"图形"的元件实例编辑为动画，则必须先将其类型更改为"影片剪辑"。

打开"属性"面板，在元件类型下拉列表中选择相应的元件类型，如图 10-39 所示。

3．分离实例

分离实例能使实例与元件分离，当元件发生更改后，实例并不随之改变。在舞台中选择一个实例，单击"修改"|"分离"命令，对比效果，如图 10-40 所示。

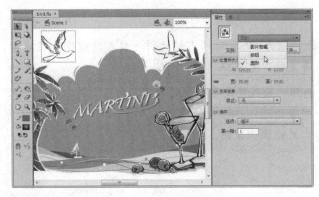

图 10-39　改变实例类型

图 10-40　分离实例

4．交换实例

选择舞台中的实例，在"属性"面板中单击"交换"按钮，弹出"交换元件"对话框，如图 10-41 所示。在其中选择某个元件，然后单击"确定"按钮，即可用该元件的实例替换舞台中选择的元件实例，效果如图 10-42 所示。

图 10-41　"交换元件"对话框

图 10-42　交换实例

5．复制实例

若想复制实例，直接单击"交换元件"对话框底部的"直接复制元件"按钮即可，如图 10-43 所示。交换元件后，原有属性仍然保留，并对新元件实例起相同的作用。

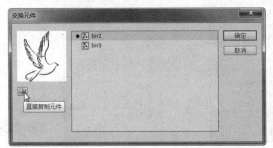

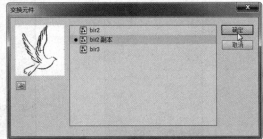

图 10-43　复制实例

任务三 "库"面板的使用

 **任务概述**

库是 Flash 中所有可重复使用对象的储存"仓库",所有的元件一经创建就保存在库中,导入的外部资源,如位图、视频、声音文件等也都保存在"库"面板中。

库有两种,一种是动画文件本身的库,另一种是系统自带的库。动画文件本身的"库"面板中保存了动画中的所有对象,如创建的元件、导入的图像、声音和视频文件等,而系统自带的库元件不能在库中进行编辑,只能调出使用。

任务重点与实施

一、"库"面板

通过"库"面板可以对其中的各种资源进行操作,为动画的编辑带来了很大的方便。在"库"面板中可以对资源进行编组、项目排序和重命名等管理。

1. 项目编组

利用文件夹可以对库中的项目进行编组。

(1)新建文件夹

单击"库"面板底部的"新建文件夹"按钮 ,即可新建一个文件夹。输入文件夹名称后按【Enter】键确认,如图 10-44 所示。

(2)删除文件夹

选中要删除的文件夹,按【Delete】键并确认即可删除该文件夹。也可以在面板菜单中选择"删除"命令,或单击面板下方的"删除"按钮 ,如图 10-45 所示。

(3)重命名文件夹

双击文件夹名称,输入文件夹名,按【Enter】键确认即可完成重命名操作,如图 10-46所示。

图 10-44　新建文件夹　　　图 10-45　删除文件夹　　　图 10-46　重命名文件夹

2．项目排序

用户可以对"库"面板中的项目按照修改日期和类型进行排序。

（1）按修改日期排序

单击任意一列的标题，就会按照该列的属性进行排序。例如，单击"修改日期"标题，就会按照上一次修改时间的先后顺序进行排序，如图 10-47 所示。

（2）按类型排序

单击"类型"标题，就会将库中相同类型的对象排在一起，如图 10-48 所示。

图 10-47　按修改日期排序

图 10-48　按类型排序

3．项目重命名

在资源库列表中选中一个项目，右击图形名称，在弹出的快捷菜单中选择"重命名"命令，输入新项目名称，按【Enter】键确认即可。或直接双击项目名称，也可以对其进行重命名，如图 10-49 所示。

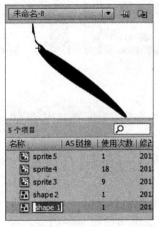

图 10-49　项目重命名

二、"公共库"面板

"公共库"面板中存放了一些程序自带的元件，在使用时可以直接调用，具体操作方法如下：

Step 01 打开素材文件"play.fla",单击"窗口"|"公用库"|Buttons命令,如图10-50所示。

Step 02 打开"外部库"面板,选择一个按钮元件,用鼠标将其拖至舞台上,效果如图10-51所示。

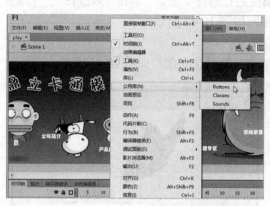

图 10-50 单击 Buttons 命令

图 10-51 拖动按钮元件

Step 03 此时,拖入舞台中的按钮将被自动添加到该文档的库中,如图10-52所示。

Step 04 双击按钮实例,进入元件编辑状态,从中可以修改图形的颜色或修改图层名称,如图10-53所示。

图 10-52 查看文档

图 10-53 编辑元件

专家指导:

此外,在 Flash CS6 中还有声音公共库,在制作动画时也可以直接调用,在此不再赘述。

项目小结

通过本项目的学习,读者应重点掌握以下知识:

(1)元件分为图形、影片剪辑与按钮三种类型,能够创建三种类型的元件。

(2)在当前位置编辑元件、在新窗口中编辑元件和在元件编辑模式下编辑元件。

(3)使用各种元件,并能创建各种元件的实例。

(4)复制实例,设置实例颜色样式,改变实例类型,以及分离与交换实例等。

(5)使用"库"面板和"公共库"面板。

项目习题

（1）在图形中绘制树叶，并将其转换为图形元件，如图 10-58 所示。

（2）创建按钮元件，如图 10-59 所示。

图 10-58　绘制树叶

图 10-59　创建按钮元件

项目十一　创建基本 Flash 动画

项目概述

　　时间轴是动画的重要载体，也是控制动画播放的编辑器。无论制作什么类型的动画都离不开时间轴，本项目将详细介绍如何利用"时间轴"面板制作各种类型的 Flash 动画，如逐帧动画、补间动画等。

项目重点

- 了解"时间轴"面板的组成部分及其基本操作。
- 掌握基本动画的类型及其制作方法。
- 掌握制作遮罩动画及引导动画的方法。

项目目标

- 掌握几种动画类型的制作方法。
- 能够独立地制作 Flash 动画。

任务一　时间轴与帧

任务概述

　　在 Flash 中，动画的内容都是通过"时间轴"面板来组织的。"时间轴"面板将动画在横向上划分为帧，在纵向上划分为图层。下面将详细介绍时间轴和帧的相关知识。

任务重点与实施

一、认识"时间轴"面板

　　"时间轴"面板用于组织和控制一定时间内图层和帧中的文档内容，它由图层、帧和播放头等组成，如图 11-1 所示。

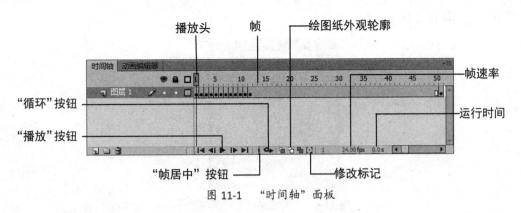

图 11-1 "时间轴"面板

1. 播放头

"时间轴"面板中的播放头用于控制舞台上显示的内容。舞台上只能显示播放头所在帧中的内容，图 11-2 显示了动画第 5 帧中的内容，图 11-3 显示了动画第 10 帧中的内容。

图 11-2 第 5 帧

图 11-3 第 10 帧

2. 移动播放头

在播放动画时，播放头在时间轴上移动，只是显示在舞台中的当前帧。使用鼠标直接拖动播放头到所需的位置，按【Enter】键确认即可从该位置播放预览，如图 11-4 所示。

3. 更改时间轴中的帧显示

单击"时间轴"面板右上角的"帧视图"按钮 ，在弹出的下拉列表中选择"预览"选项，效果如图 11-5 所示。

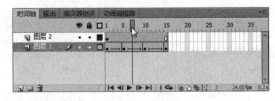

图 11-4 移动播放头

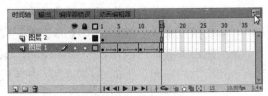

图 11-5 帧显示

4. 设置图层属性

双击"时间轴"面板中的"图层"图标 ，在弹出的"图层属性"对话框中可以设置图层属性，如图 11-6 所示。

图 11-6 　"图层属性"对话框

二、认识帧

电影是通过一张张胶片连续播放而形成的，Flash 中的帧就像电影中的胶片一样，通过连续播放来实现动画效果。帧是 Flash 中的基本单位，在"时间轴"面板中使用帧来组织和控制文档内容。

"时间轴"面板中的每一个小方格就代表一个帧，一个帧包含了动画某一时刻的画面。如图 11-7 所示列出了几种帧的常见形式。

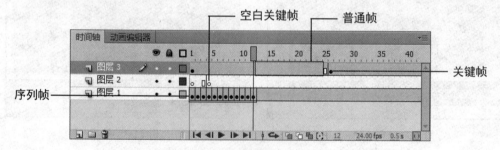

图 11-7 　"时间轴"面板

> **关键帧**：关键帧是时间轴中内容发生变化的一帧。默认情况下，每个图层的第一帧是关键帧。关键帧可以是空的。若要添加关键帧，可以在"时间轴"面板上右击，在弹出的快捷菜单中选择"插入关键帧"命令，或直接按【F6】键完成添加操作。

> **普通帧**：普通帧是依赖于关键帧的，在没有设置动画的前提下，普通帧与上一个关键帧中的内容相同。在一个动画中增加一些普通帧可以延长动画的播放时间。若要添加普通帧，可以在"时间轴"面板上右击，在弹出的快捷菜单中选择"插入帧"命令，或直接按【F5】键完成添加操作。

> **空白关键帧**：当新建一个图层时，图层的第 1 帧默认为空白关键帧，即一个黑色轮廓的圆圈。当向该图层添加内容后，这个空心圆圈将变为一个实心圆圈，该帧即为关键帧。若要添加空白关键帧，可在"时间轴"面板上右击，在弹出的快捷菜单中选择"插入空白关键帧"命令，或直接按【F7】键完成添加操作。

> **序列帧**：序列帧就是一连串的关键帧，每一帧在舞台中都有相应的内容。一般序列帧多出现在逐帧动画中。

1．设置帧频

帧频就是动画播放的速度，以每秒所播放的帧数为度量。如果动画的帧频太慢，会使该动画看起来没有连续感；如果帧频太快，就会使该动画的细节变得模糊，以致看不清楚。

通常将在网络上传播的动画帧频设置为每秒 12 帧，但标准的运动图像速率为每秒 24 帧。在 Flash CS6 中，默认的帧频为 24fps。

若需要修改 Flash 文档的帧频，可以在新建 Flash 文档后在"属性"面板的"帧频"文本框中设置帧频，如图 11-8 所示。也可以在舞台中右击，在弹出的快捷菜单中选择"文档属性"命令，在弹出的"文档设置"对话框中进行帧频设置，如图 11-9 所示。

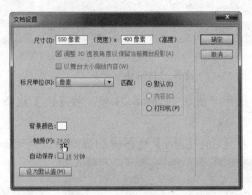

图 11-8　"属性"面板　　　　　　　　图 11-9　"文档设置"对话框

2．编辑帧

在制作动画的过程中，经常需要对帧进行各种编辑操作。虽然帧的类型比较复杂，在动画中起到的作用也各不相同，但对帧的各种编辑操作都是一样的。

（1）复制帧

通过对帧进行复制或粘贴操作，可以实现相同动画的快速操作。复制和粘贴帧的具体操作方法如下：

Step 01　打开素材文件"场景.fla"，在"时间轴"面板中单击"新建图层"按钮 ，新建"图层 2"，如图 11-10 所示。

Step 02　打开"小鹿跑.fla"文档，选择所有帧并右击，在弹出的快捷菜单中选择"复制帧"命令，如图 11-11 所示。

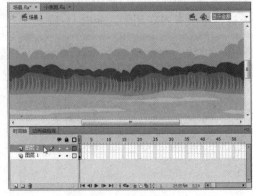

图 11-10　新建图层　　　　　　　　图 11-11　选择"复制帧"命令

Step 03 选中"场景.fla"文档中的"图层2",在"时间轴"面板中选中第一帧并右击,在弹出的快捷菜单中选择"粘贴帧"命令,如图11-12所示。

Step 04 在"属性"面板中设置文档的各项参数,效果如图11-13所示。

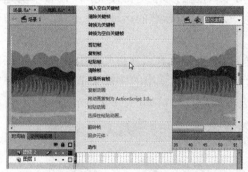

图 11-12 选择"粘贴帧"命令

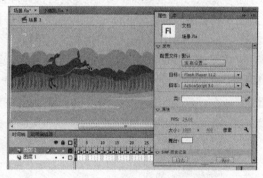

图 11-13 设置文档参数

Step 05 选中"图层1"的第71帧,按【F5】组合键在第2~70帧之间插入普通帧,如图11-14所示。

Step 06 按【Ctrl+Enter】组合键测试动画,效果如图11-15所示。

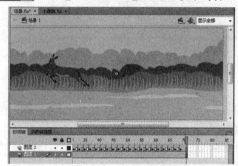

图 11-14 插入普通帧

图 11-15 测试动画

(2) 删除帧

选择相同的帧,利用快捷菜单命令中的"删除帧"选项和按键盘上【Delete】键删除帧时,产生的结果不同,具体操作方法如下:

Step 01 打开素材文件"show.fla",选择"图层4"的第5帧并右击,在弹出的快捷菜单中选择"删除帧"命令,此时即可删除当前所选的帧,如图11-16所示。

Step 02 选中一个关键帧,按【Delete】键即可将关键帧中所有内容删除,如图11-17所示。

图 11-16 删除当前所选帧

图 11-17 删除关键帧中的所有内容

（3）清除帧

在选择的帧上右击，在弹出的快捷菜单中选择"清除帧"命令，即可将帧或关键帧转换为空白关键帧，如图 11-18 和图 11-19 所示。

图 11-18　清除帧前　　　　　　　　　　　　　　图 11-19　清除帧后

（4）移动帧

若要移动关键帧序列及其内容，只需将该关键帧或序列拖至所需的位置即可，如图 11-20 所示。

 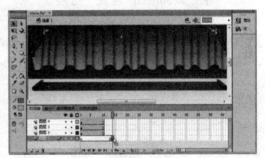

图 11-20　移动帧

三、认识图层

在新建 Flash 文档时，系统会自动新建一个图层，如图 11-21 所示。也可以根据需要创建新图层，新建的图层会自动排列在当前图层的上方。

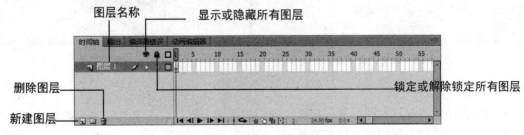

图 11-21　认识图层

1．创建图层

系统默认创建的图层就是普通层。普通层中可以放置最基本的动画元素，如矢量对象、位图对象等。使用普通层可以将多个帧（多幅画面）按照一定的顺序播放，从而形成动画。

创建图层的具体操作方法如下：

Step 01 新建 Flash 文档，单击"文件"｜"导入"｜"导入到库"命令，如图 11-22 所示。

Step 02 弹出"导入"对话框，选择要导入的图像，然后单击"打开"按钮，如图 11-23 所示。

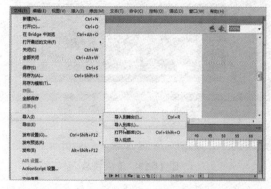

图 11-22 单击"导入到库"命令

图 11-23 选择导入图像

Step 03 此时，两张图片都在"图层 1"中。单击"新建图层"按钮，新建"图层 2"，将图像 butterfly 拖到"图层 2"中，使用任意变形工具调整图像大小，如图 11-24 所示。

Step 04 采用同样的方法，调整"图层 1"中图像的大小，并移到合适的位置。按【Ctrl+Enter】组合键进行预览，效果如图 11-25 所示。

图 11-24 新建"图层 2"

图 11-25 预览效果

2．编辑图层

创建图层后，即可对图层进行编辑。图层的编辑主要包括选取图层、移动图层、重命名图层、删除图层及图层的转化等操作。

（1）选取图层

如果要选取一个图层，单击这个图层即可将其选中，如图 11-26 所示。

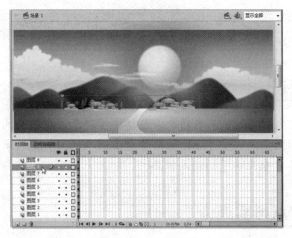

图 11-26　选取图层

如果要选取相邻的多个图层，可在选取第一个图层后，按住【Shift】键的同时单击要选取的最后一个图层，两个图层之间的所有图层都将被选取。

如果要选取多个不相邻的图层，则按住【Ctrl】键的同时依次单击需要选取的图层即可。

（2）移动图层

单击需要移动的图层，按住鼠标左键拖动该图层到相应的位置后松开鼠标即可，如图 11-27 所示。

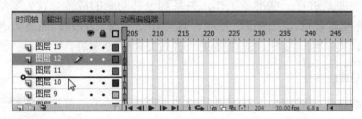

图 11-27　移动图层

（3）重命名图层

Flash 默认的层名为"图层 1"、"图层 2"等，为了便于识别各图层放置的动画对象，可对图层进行重命名。

双击需要重命名的图层，此时图层名称以反白显示，输入新名称后按【Enter】键确认即可，如图 11-28 所示。

（4）删除图层

选择需要删除的图层，单击"删除图层"按钮，即可删除该图层，如图 11-29 所示。

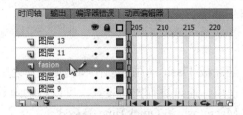

图 11-28　重命名图层

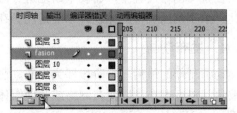

图 11-29　删除图层

任务二　基本动画的制作

 **任务概述**

　　下面将介绍如何创建 Flash 基本动画，包括逐帧动画、形状补间动画、传统补间动画和补间动画。一些网站上的大型 Flash 动画都是由基本动画演变而来的，只要学习好基本动画，就能制作出具有专业水平的动画作品。

 **任务重点与实施**

一、Flash 动画制作流程

　　"时间轴"面板用于组织和控制一定时间内图层和帧中的文档内容，它由图层、帧和播放头等组成，如图 11-1 所示。

　　Flash 动画的制作如同拍摄电影一样，无论是何种规模和类型，都可以分为 4 个步骤：前期策划、创作动画、后期测试和发布动画。

1．前期策划

　　前期策划主要是进行一些准备工作，关系到一部动画的成败。首先要给动画设计"脚本"，其次就是搜集素材，如图像、视频、音频和文字等。另外，还要考虑到一些画面的效果，如镜头转换、色调变化、光影效果、音效及时间设定等。

2．创作动画

　　当前期的准备工作完成后，就可以开始动手创作动画了。首先要创建一个新文档，然后对其属性进行必要的设置；其次，要将在前期策划中准备的素材导入到舞台中，然后对动画的各个元素进行造型设计；最后，可以为动画添加一些效果，使其变得更加生动，如图形滤镜、混合和其他特殊效果等。

3．后期测试

　　后期测试可以说是动画的再创作，它影响着动画的最终效果，需要设计人员细心、严格地进行把关。当一部动画创作完成后，应该多次对其进行测试，以验证动画是否按预期设想进行工作，查找并解决所遇到的问题和错误。

　　在整个创作过程中，需要不断地进行测试。若动画需要在网络上发布，还要对其进行优化，减小动画文件的体积，以缩短动画在网上的加载时间。

4．发布动画

　　动画制作的最后一个阶段即为发布动画，当完成 Flash 动画的创作和编辑工作之后，需要将其进行发布，以便在网络或其他媒体中使用。通过进行发布设置，可以将动画导出为 Flash、HTML、GIF、JPEG、PNG、EXE、Macintosh 和 QuickTime 等格式。

二、制作逐帧动画

逐帧动画是 Flash 中相对比较简单的基本动画,其通常由多个连续的帧组成,通过连续表现关键帧中的对象,从而产生动画效果。下面将详细介绍逐帧动画的制作方法与技巧。

1. 认识逐帧动画

逐帧动画与传统的动画片类似,每一帧中的图形都是通过手工绘制出来的。在逐帧动画中的每一帧都是关键帧,在每个关键帧中创建不同的内容,当连续播放关键帧中的图形时即可形成动画,如图 11-30 所示。

图 11-30　逐帧动画

逐帧动画制作起来比较麻烦,但它可以制作出所需要的任何动画。逐帧动画适合制作每一帧中的图像内容都发生变化的复杂动画。

2. 创建逐帧动画

逐帧动画通常由多个连续关键帧组成,通过连续表现关键帧中的对象从而产生动画效果。下面将通过实例来详细介绍如何创建逐帧动画,具体操作方法如下:

Step 01　新建文档,单击“文件”|“导入”|“导入到库”命令,如图 11-31 所示。

Step 02　弹出“导入到库”对话框,选择要导入的图像,然后单击“打开”按钮,如图 11-32 所示。

图 11-31　单击“导入到库”命令

图 11-32　选择图像

Step 03 在"属性"面板中设置舞台大小为 500×368，将图像 01.jpg 从"库"面板中拖至舞台中，如图 11-33 所示。

Step 04 在第 2 帧处按【F7】键插入空白关键帧，将图像 02.jpg 拖至舞台中，如图 11-34 所示。

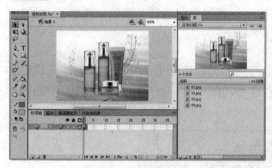

图 11-33 拖动图像

图 11-34 插入空白关键帧并导入图像

Step 05 采用同样的方法，导入其他图像，如图 11-35 所示。

Step 06 单击"编辑多个帧"按钮 ，选择"图层 1"中的所有帧，单击"窗口"|"对齐"命令，打开"对齐"面板。选中"与舞台对齐"复选框，单击"水平中齐"和"垂直中齐"按钮，如图 11-36 所示。

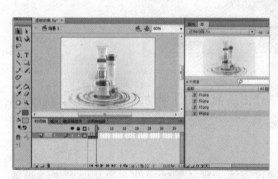

图 11-35 导入其他图像

图 11-36 设置对齐

Step 07 单击"编辑多个帧"按钮 ，取消编辑多个帧状态。选中关键帧并按【F5】键，在 4 个关键帧后面分别插入普通帧，如图 11-37 所示。

Step 08 设置帧速率为 10.00fps，按【Ctrl+Enter】组合键测试动画，效果如图 11-38 所示。

图 10-13 拖动元件

图 10-14 预览影片

三、制作传统补间动画

传统补间动画的创建过程较为复杂，但它所具有的某种类型的动画控制功能是其他补间动画所不具备的。下面首先来认识传统补间动画，然后制作传统补间动画。

1. 认识传统补间动画

传统补间动画是指在 Flash 的"时间轴"面板上的一个关键帧上放置一个元件，然后在另一个关键帧改变这个元件的大小、颜色、位置和透明度等，Flash 将自动根据两者之间帧的值创建的动画。创作补间动画后，"时间帧"面板的背景色变为淡紫色，在起始帧和结束帧之间有一个长长的箭头，如图 11-39 所示。

构成动作补间动画的元素是元件，包括影片剪辑、图形、按钮、文字、位图和组合等，但不能是形状，只有把形状组合或转换成元件后才可以制作动作补间动画。

图 11-39　传统补间动画

2. 创建传统补间动画

传统补间动画是利用动画对象起始帧和结束帧建立补间，创建动画的过程是先确定起始帧和结束帧位置，然后创建动画。在这个过程中，Flash 将自动完成起始帧与结束帧之间的过渡动画。

下面将通过实例来介绍如何创建传统补间动画，具体操作方法如下：

Step 01 打开素材文件"传统补间动画.fla"，在"图层 1"的第 55 帧处按【F5】键延长帧，如图 11-40 所示。

Step 02 单击"新建图层"按钮，新建"图层 2"，将图像 1.png 拖至舞台中，如图 11-41 所示。

图 11-40　按【F5】键延长帧

图 11-41　导入图像

Step 03 按【F8】键弹出"转换为元件"对话框，设置类型为"影片剪辑"，单击"确定"按钮，如图 11-42 所示。

Step 04 双击影片剪辑元件，进入元件编辑状态。在第 2 帧处按【F7】键插入空白关键帧，将 2.png 拖至舞台中，如图 11-43 所示。

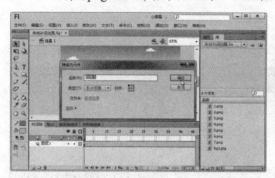

图 11-42　"转换为元件"对话框　　　　　　　图 11-43　导入图像

Step 05 采用同样的方法插入其他图像，效果如图 11-44 所示。

Step 06 单击"场景 1"图标，返回主场景。在"图层 2"的第 55 帧处按【F6】键插入关键帧，将元件从左侧移至右侧合适位置，如图 11-45 所示。

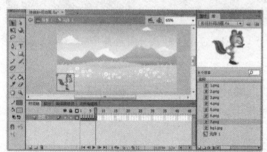
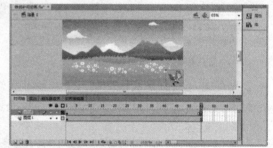

图 11-44　导入图像　　　　　　　图 11-45　插入关键帧

Step 07 在两个关键帧的任意位置右击，在弹出的快捷菜单中选择"创建传统补间"命令，如图 11-46 所示。

Step 08 选中舞台中第 55 帧处的图形，在"属性"面板中单击"样式"下拉按钮，在弹出的下拉列表中选择 Alpha 选项，如图 11-47 所示。

图 11-46　选择"创建传统补间"命令　　　　　　图 11-47　选择 Alpha 选项

Step 09　调整 Alpha 的值为 20%，按【Ctrl+Enter】组合键测试动画，效果如图 11-48 所示。

图 11-48　测试动画

四、制作补间动画

补间动画只能应用于实例，是表示实例属性变化的一种动画。例如，在一个关键帧中定义一个实例的位置、大小和旋转等属性，然后在另一个关键帧中更改这些属性并创建动画。

1．认识补间动画

在制作 Flash 动画时，在两个关键帧中间需要制作补间动画，才能实现图画的运动。补间动画是 Flash 中非常重要的表现手段之一，如图 11-49 所示。

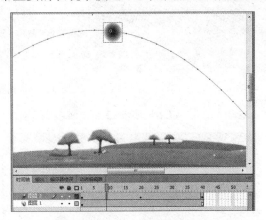

图 11-49　补间动画

补间是通过为一个帧中的对象属性指定一个值，并为另一个帧中的相同属性指定另一个值创建的动画。Flash 计算这两个帧之间该属性的值，还提供了可以更详细地调节动画运动路径的锚点。

2．创建补间动画

下面将通过实例来介绍如何创建补间动画，具体操作方法如下：

Step 01　打开素材文件"补间动画.fla"，选中"图层 1"中的第 40 帧，按【F5】键延长帧。选中"图层 2"中的第 40 帧，按【F6】键插入关键帧，如图 11-50 所示。

Step 02　在"图层 2"的两个关键帧之间任意位置右击，在弹出的快捷菜单中选择"创建补间动画"命令，如图 11-51 所示。

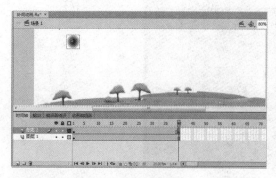

图 11-50　插入关键帧

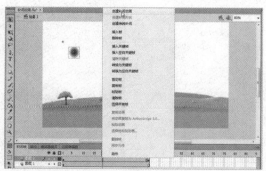

图 11-51　选择"创建补间动画"命令

Step 03　将实例移至合适位置，此时在舞台中出现一条表示当前实例运动轨迹的直线，如图 11-52 所示。

Step 04　单击"选择工具"按钮，对运动轨迹进行变形调整，效果如图 11-53 所示。

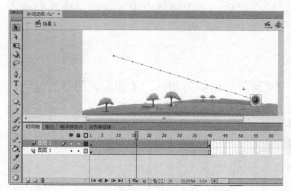

图 11-52　移动实例

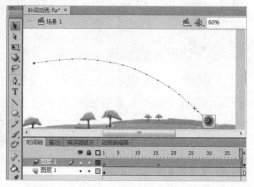

图 11-53　调整运动轨迹

Step 05　设置帧速率为 10.00fps，按【Ctrl+Enter】组合键测试动画，效果如图 11-54 所示。

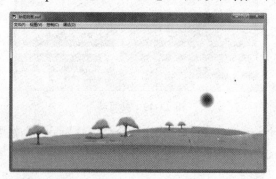

图 11-54　测试动画

五、制作形状补间动画

　　形状补间动画是一种类似电影中动物身躯自然变成人形的变形效果，可以用于改变形状不同的两个对象，它是 Flash 动画中非常重要的表现手段之一。

1. 认识形状补间动画

形状补间动画是在"时间帧"面板上一个关键帧中绘制一个形状，然后在另一个关键帧中更改该形状或绘制另一个形状等，Flash 会自动根据两者之间帧的值或形状来创建动画，从而实现两个图形之间颜色、形状、大小和位置的相互变化，如图 11-55 所示。

图 11-55　形状补间动画

在创建形状补间动画后，"时间轴"面板的背景色变为淡绿色，在起始帧和结束帧之间也有一个长长的箭头，如图 11-56 所示。构成形状补间动画的元素多为用鼠标或压感笔绘制出的形状，而不能是图形元件、按钮和文字等。如果要使用图形元件、按钮和文字，则必须先打散后才可以制作形状补间动画。

图 11-56　"时间轴"面板

2. 创建形状补间动画

在创建形状补间动画时，在起始和结束位置插入不同的对象，即可自动创建中间过程。与补间动画不同的是，在形状补间中插入到起始位置和结束位置的对象可以不一样，但必须具有分离属性。

下面将通过实例来介绍如何创建形状补间动画，具体操作方法如下：

Step 01 打开素材文件"形状补间动画.fla"，单击"新建图层"按钮 ，新建"图层 2"，并锁定"图层 1"，如图 11-57 所示。

Step 02 选择文本工具，在"属性"面板中设置属性，在舞台中绘制文本框并输入文本，并调整文本框的位置，如图 11-58 所示。

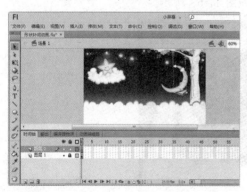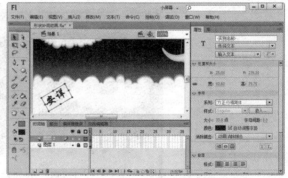

图 11-57　新建图层　　　　　　　　图 11-58　输入文本

Step 03 按两次【Ctrl+B】组合键，将输入的文本分离，如图 11-59 所示。

Step 04 在"图层 1"的第 20 帧处按【F5】键延长帧，在"图层 2"的第 20 帧处按【F7】键插入空白关键帧，如图 11-60 所示。

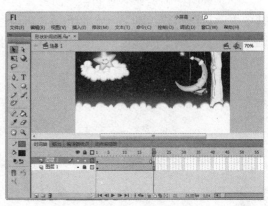

图 11-59　分离文本　　　　　　　　　　　图 11-60　插入空白关键帧

Step 05 选择文本工具，在"图层 2"的第 20 帧处输入文本，按两次【Ctrl+B】组合键将文本分离，如图 11-61 所示。

Step 06 在两个关键帧之间的任意帧上右击，在弹出的快捷菜单中选择"创建补间形状"命令，如图 11-62 所示。

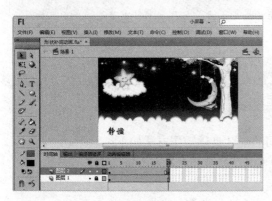
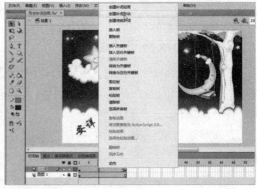

图 11-61　分离文本　　　　　　　　　　　图 11-62　选择"创建补间形状"命令

Step 07 按【Ctrl+Enter】组合键测试动画，效果如图 11-63 所示。

图 11-63　测试动画

任务三　实例的创建与编辑

任务概述

本任务主要针对 Flash 中两个高级动画的制作进行介绍，即遮罩动画和引导层动画。这两种动画在网站 Flash 动画设计中占据着非常重要的地位，一个 Flash 动画的创意层次主要体现在它们的制作过程中。

任务重点与实施

一、制作遮罩层动画

遮罩动画由遮罩层和被遮罩层组成。遮罩层中用于放置遮罩的形状，被遮罩层放置要显示的图像。遮罩动画的制作原理是透过遮罩层中的形状将被遮罩层中的图像显示出来。

1．认识遮罩动画

遮罩动画可以获得聚光灯效果和过渡效果，使用遮罩层创建一个孔，通过这个孔可以看到下面的图层内容，如图 11-64 所示。遮罩项目可以是填充的形状、文字对象、图形元件的实例或影片剪辑。将多个图层组织在一个遮罩层下，可以创建出更复杂的动画效果。

用户可以在遮罩层和被遮罩层分别或同时创建补间形状动画、动作补间动画和引导层动画，从而使遮罩动画变成一个可以施展无限想象力的创作空间。如图 11-65 所示即为遮罩图层。

图 11-64　遮罩动画

图 11-65　遮罩图层

2．创建遮罩动画

遮罩层动画，就是通过设置遮罩层及其关联图层中对象的位移、变形来产生一些特殊的动画效果，如水波、百叶窗、聚光灯、放大镜和望远镜等。遮罩层动画是由至少两个层组合起来完成的，一个层作为改变的对象，另一个层作为遮罩的对象。

创建遮罩动画的具体操作方法如下：

Step 01　打开素材文件"遮罩层动画.fla"，单击"新建图层"按钮，新建"图层 2"，如图 11-66 所示。

Step 02　选择文本工具，在"属性"面板中设置相关属性，在舞台中绘制文本框并输入文本，如图 11-67 所示。

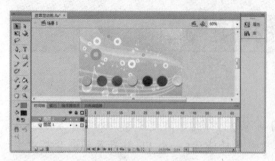

图 11-66　新建图层

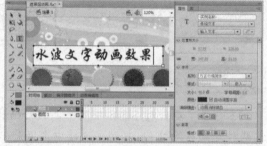

图 11-67　输入文本

Step 03　按【F8】键，弹出"转换为元件"对话框，设置"类型"为"图形"，然后单击"确定"按钮，如图 11-68 所示。

Step 04　选中"图层 1"和"图层 2"中的第 60 帧，按【F5】键延长帧，如图 11-69 所示。

图 11-68　转换为元件

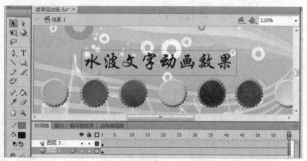

图 11-69　延长帧

Step 05　单击"新建图层"按钮，新建"图层 3"。单击"矩形工具"按钮，在"属性"面板中设置相关属性，如图 11-70 所示。

Step 06　选中第 1 帧，在舞台中绘制多个矩形并将其全部选中。按【F8】键，弹出"转换为元件"对话框，设置"类型"为"影片剪辑"，然后单击"确定"按钮，如图 11-71 所示。

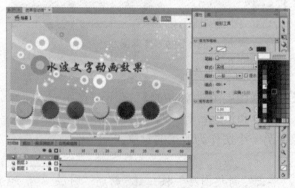

图 11-70　设置矩形工具属性

图 11-71　"转换为元件"对话框

Step 07　选中第 60 帧，按【F7】键插入空白关键帧。选中第 59 帧，按【F6】键插入关键帧，如图 11-72 所示。

Step 08　调整元件大小，在两个关键帧之间的任意位置右击，在弹出的快捷菜单中选择"创建传统补间"命令，如图 11-73 所示。

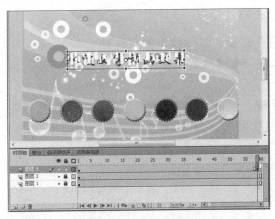

图 11-72　插入关键帧　　　　　　图 11-73　选择"创建传统补间"命令

Step 09　右击"图层 3"，在弹出的快捷菜单中选择"遮罩层"命令，如图 11-74 所示。

Step 10　按【Ctrl+Enter】组合键测试动画，效果如图 11-75 所示。

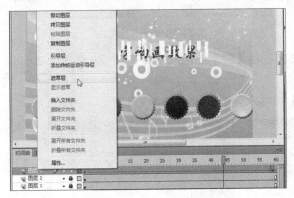

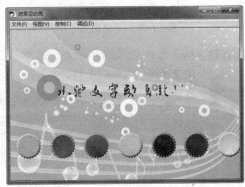

图 11-74　选择"遮罩层"命令　　　　　　图 11-75　测试动画

二、制作引导层动画

利用引导层可以让对象按照事先绘制好的路径来运动，下面将介绍如何在 Flash CS6 中制作引导层动画。

1. 认识引导层动画

引导层动画是指被引导对象沿着指定路径进行运动的动画，它由引导层和被引导层组成。引导层中用于绘制对象运动的路径，被引导层中用于放置运动的对象，如图 11-76 所示。在一个运动引导层下可以创建一个或多个被引导层。

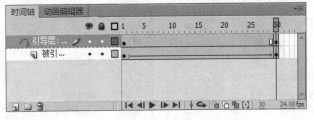

图 11-76　引导层动画

2. 创建引导层动画

下面将通过创建引导层来制作"小鸟飞翔"动画，具体操作方法如下：

Step 01 打开素材文件"引导层动画.fla"，单击"新建图层"按钮🔲，新建"图层 2"，锁定"图层 1"，如图 11-77 所示。

Step 02 将图像 1.png 拖至舞台中，按【F8】键，弹出"转换为元件"对话框。设置"类型"为"影片剪辑"，然后单击"确定"按钮，如图 11-78 所示。

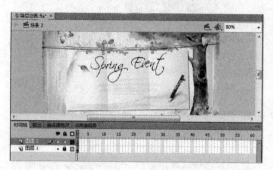
图 11-77　新建图层

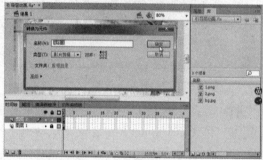
图 11-78　转换为元件

Step 03 双击元件进入编辑状态，选中第 2 帧，按【F7】键插入空白关键帧，将图像 2.png 拖至舞台中，如图 11-79 所示。

Step 04 在两个关键帧的后面分别按【F5】键插入普通帧，如图 11-80 所示。

图 11-79　拖入图像

图 11-80　插入普通帧

Step 05 单击"场景 1"图标，返回主场景。在"图层 1"的第 40 帧处按【F5】键延长帧，在"图层 2"的第 40 帧处按【F6】键插入关键帧，如图 11-81 所示。

Step 06 将实例从右侧移至左侧合适位置，在两个关键帧的任意位置右击，在弹出的快捷菜单中选择"创建传统补间"命令，如图 11-82 所示。

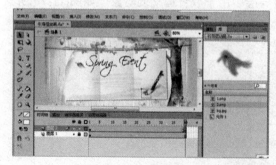
图 11-81　插入关键帧

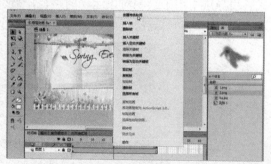
图 11-82　选择"创建传统补间"命令

Step 07 单击"新建图层"按钮⬛，新建"图层 3"。使用铅笔工具绘制运动路径，如图 11-83 所示。

Step 08 选中"图层 2"的第 1 帧，将对象吸附到引导线顶端。选中第 40 帧，将对象吸附到引导线末端，如图 11-84 所示。

图 11-83　绘制运动路径

图 11-84　吸附对象到引导线

Step 09 右击"图层 3"，在弹出的快捷菜单中选择"引导层"命令，如图 11-85 所示。

Step 10 在"图层 2"上按住鼠标左键并向"图层 3"拖动一下，以建立引导关系，如图 11-86 所示。

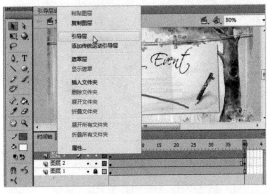

图 11-85　选择"引导层"命令

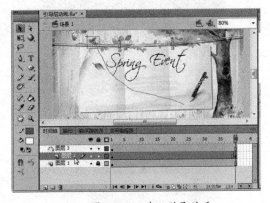

图 11-86　建立引导关系

Step 11 按【Ctrl+Enter】组合键测试动画，效果如图 11-87 所示。

图 11-87　测试动画

项目小结

通过本项目的学习，读者应重点掌握以下知识：

（1）了解"时间轴"面板的组成部分极其功能。

（2）明白关键帧、空白关键帧、普通帧、序列帧的作用及含义并且学会编辑帧。

（3）掌握创建和编辑图层面板的操作方法。

（4）学会制作逐帧动画的方法。

（5）掌握制作传统补间动画和补间动画的方法及过程。

（6）掌握制作形状补间动画方法。

（7）掌握制作遮罩层动画和引导层动画方法。

项目习题

（1）使用逐帧动画制作蜡烛火苗跳动动画，如图 11-88 所示。

（2）使用遮罩动画制作水波荡漾动画，如图 11-89 所示。

图 11-88　蜡烛火苗跳动动画

图 11-89　水波荡漾动画

（3）使用传统补间动画制作简单的网站 Banner 动画，如图 11-90 所示。

（4）使用传统补间动画、补间形状动画和遮罩动画制作红酒动画，使空酒杯慢慢斟满红酒并晃动，如图 11-91 所示。

图 11-90　网站 Banner 动画

图 11-91　红酒动画

项目十二　Photoshop 网页应用基础

项目概述

　　随着网页中图像的大量使用，Photoshop 作为一款便利、专业的图像处理软件，它在网页制作中的作用不言而喻。Photoshop 与其他软件的超强组合，已经成为现在网页制作的必备工具。本项目将重点介绍 Photoshop CS6 网页图像处理的基础知识。

项目重点

　　✎ 掌握 Photoshop 中基本工具的作用及使用方法。
　　✎ 学会利用面板快速地对图像进行操作。

项目目标

　　➲ 掌握 Photoshop 基本工具以及常用面板的使用方法。
　　➲ 能够利用 Photoshop 的基本工具修改简单的图像。

任务一　Photoshop CS6 基本工具的使用

任务概述

　　Photoshop CS6 基本工具的使用较旧版基本上没有变化，下面将重点介绍基本工具的使用方法与技巧。

任务重点与实施

一、移动工具

　　移动工具是 Photoshop 中较常用的工具之一，其作用是选择、移动对象，具体使用方法如下：

Step 01 按【Ctrl+O】组合键，打开素材文件"郊外.jpg"。选择"背景"图层并右击，在弹出的快捷菜单中选择"复制图层"命令，如图 12-1 所示。

Step 02 弹出"复制图层"对话框，单击"确定"按钮，如图 12-2 所示。

图 12-1　选择"复制图层"命令

图 12-2　"复制图层"对话框

Step 03 选择移动工具，移动当前图层中的图像，效果如图 12-3 所示。

Step 04 若当前有多个图层重叠，只需在图像窗口中右击，在弹出的快捷菜单中选择相应的图层即可，如图 12-4 所示。

图 12-3　移动图像

图 12-4　选择图层

专家指导

Expert
guidance

> 在选择需要移动的对象时，可使用"图层"面板。若只需选择一个图层，直接单击鼠标左键即可；若需选择连续的多个图层时，则按住【Shift】键进行选择即可；若需选择不连续的多个图层时，则按住【Ctrl】键进行选择即可。

二、创建选区工具

选区在 Photoshop 中是一个很重要的概念，它在图像处理中的应用非常广泛。下面将以椭圆工具、磁性套索工具、魔棒工具为例，详细介绍如何利用选区工具创建选区。

1. 椭圆选框工具

使用椭圆选框工具创建选区的具体操作方法如下：

Step 01 按【Ctrl+O】组合键，打开素材文件"自行车.jpg"，选择椭圆选框工具，如图 12-5 所示。

Step 02 在图像窗口中按住鼠标左键并进行拖动，即可创建一个椭圆选区，如图 12-6 所示。

图 12-5　选择椭圆选框工具 　　　 图 12-6　创建椭圆选区

2. 磁性套索工具

利用磁性套索工具可以选择对象边界与背景清晰的目标，具体操作方法如下：

Step 01 按【Ctrl+O】组合键，打开素材文件"西柚.jpg"，选择磁性套索工具，如图 12-7 所示。

Step 02 在对象与背景的边界处单击鼠标左键，沿着边界移动鼠标，如图 12-8 所示。

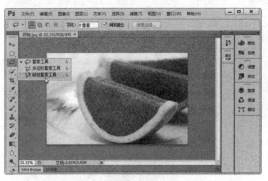

图 12-7　选择磁性套索工具 　　　 图 12-8　开始选取对象

Step 03 当鼠标指针移至起始位置时将变为形状，如图 12-9 所示。

Step 04 此时单击鼠标左键，即可完成选区的创建，效果如图 12-10 所示。

图 12-9　闭合选取区域 　　　 图 12-10　完成选区创建

3. 魔棒工具

利用魔棒工具可以快速创建与单击点处颜色相似的选区，具体操作方法如下：

Step 01 按【Ctrl+O】组合键，打开素材文件"草莓.jpg"，选择魔棒工具 ，如图 12-11 所示。

Step 02 在背景上单击鼠标左键，即可将白色背景选中，如图 12-12 所示。

图 12-11 选择魔棒工具　　　　　　　　　　图 12-12 选中白色背景

Step 03 若选择的目标是草莓，则可单击"选择"|"反向"命令，如图 12-13 所示。

Step 04 此时，草莓已经作为选区，效果如图 12-14 所示。

图 12-13 单击"反向"命令　　　　　　　　图 12-14 反向选区

三、裁切图像工具

下面将介绍如何利用裁切工具切割网页图像，经常用到的工具是切片工具和切片选择工具。下面主要介绍切片工具。

切片工具是 Photoshop 自带的一个平面图片制作工具，用于切割图片、制作网页分页等，具体操作方法如下：

Step 01 打开素材文件"网页.jpg"，选择切片工具 ，如图 12-15 所示。

Step 02 按照创建选区的方法创建切片，如图 12-16 所示。

图 12-15　选择裁切工具　　　　　　　　　图 12-16　创建切片

Step 03　若需要修改创建的切片，可选择切片选择工具，在被切片的图片区域上单击时出现节点，然后拖动节点即可，如图 12-17 所示。

Step 04　若需要删除切片，则先选择切片选择工具，然后在被切片的区域上右击，在弹出的快捷菜单中选择"删除切片"命令，如图 12-18 所示。

图 12-17　修改切片　　　　　　　　图 12-18　选择"删除切片"命令

Step 05　修改完成后，单击"文件"|"存储为 Web 和设备所用格式"命令，在弹出的对话框中单击"存储"按钮，如图 12-19 所示。

Step 06　弹出"将优化结果存储为"对话框，选择所需存储的位置和类型，然后单击"保存"按钮，如图 12-20 所示。

图 12-19　单击"存储"按钮　　　　　　图 12-20　"将优化结果存储为"对话框

四、图像修改工具

在修改图像的过程中可能会遇到各种问题，Photoshop CS6 提供了多种图像修改工具，下面将对这些图像修改工具的使用方法进行介绍。

1．擦除工具

擦除工具分为橡皮擦工具、背景橡皮擦工具和魔术橡皮擦工具三种类型。

利用橡皮擦工具可以擦除当前图层中笔触所经过的图形对象。如果在打开的图像中进行擦除，即可擦除当前图层中的图形。图 12-21 所示为原始图像，图 12-22 所示为橡皮擦擦除后的图像效果。

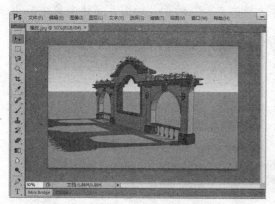

图 12-21　原始图像

图 12-22　橡皮擦擦除效果

利用背景橡皮擦工具可以擦除图像中主体以外的背景，如图 12-23 所示。魔术橡皮擦工具的作用相当于魔术棒工具与橡皮擦工具的组合，利用它可以擦除图像中与取样点颜色相似的颜色，如图 12-24 所示。

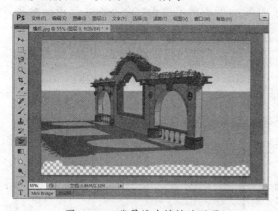

图 12-23　背景橡皮擦擦除效果

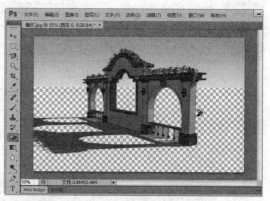

图 12-24　魔术橡皮擦擦除效果

2．填充工具

填充工具分为两种，一种是渐变工具 ，另一种是油漆桶工具 ，其主要用于为绘制的选区填充所需的颜色。

渐变工具用于填充渐变色，其使用方法如下：

Step 01 按【Ctrl+N】组合键新建文件，双击"图层"面板中的"背景"图层，将其变为普通图层。在工具栏中选择渐变工具，然后单击属性栏中的颜色属性框，如图 12-25 所示。

Step 02 弹出"渐变编辑器"窗口，选择任意一种颜色，然后单击"确定"按钮，如图 12-26 所示。

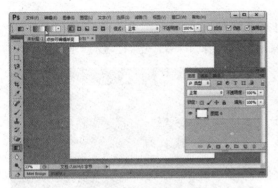

图 12-25　单击颜色属性框

图 12-26　设置渐变色

Step 03 将鼠标指针沿着任意方向进行拖动，如图 12-27 所示。

Step 04 此时，即可查看使用渐变工具填充的渐变色效果，如图 12-28 所示。

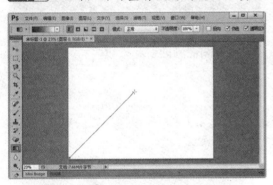

图 12-27　拖动鼠标

图 12-28　查看渐变色效果

　　油漆桶工具通常用来填充纯色。选择油漆桶工具，在工具箱中单击前景色，在弹出的"拾色器"对话框中拾取需要的颜色，然后单击"确定"按钮，如图 12-29 所示。在文档窗口中所需填充的位置单击鼠标左键，即可填充前景色，如图 12-30 所示。

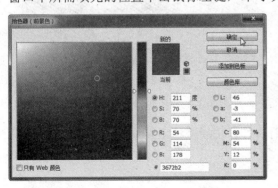

图 12-29　"拾色器"对话框

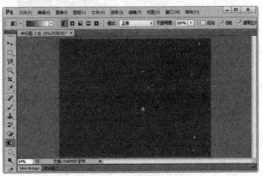

图 12-30　填充前景色

3．锐化与模糊工具

该组工具主要用于调整网页图像的清晰度。其中，锐化工具△.是通过增强相邻颜色的对比度来增加图像清晰度，模糊工具△是通过减弱相邻颜色的对比度来降低图像清晰度。

使用锐化工具可以使图像变得相对清晰，不过一般来说锐化程度不能太大，否则会失去良好的效果。锐化工具的使用方法如下：

Step 01 打开素材文件"冰淇淋.jpg"，如图 12-31 所示。

Step 02 在工具箱中选择锐化工具△.，在图像中进行涂抹，效果如图 12-32 所示。

图 12-31　锐化之前　　　　　　　　　　　　图 12-32　锐化之后

使用模糊工具可以使图像变得相对模糊△，从而使图像画面看起来较柔和，具体操作方法如下：

Step 01 按【Ctrl+O】组合键，打开素材文件"柠檬.jpg"，如图 12-33 所示。

Step 02 选择模糊工具△，在图像中相应位置进行涂抹，即可产生模糊效果，如图 12-34 所示。

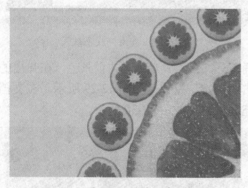 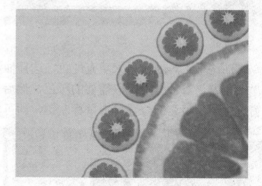

图 12-33　模糊前　　　　　　　　　　　　　图 12-34　模糊后

4．减淡与加深工具

该组工具主要是针对图像的颜色深浅进行操作，使用减淡工具🔍可以使图像的颜色变浅，而使用加深工具🔍可以使图像颜色变深。

减淡工具的使用方法如下：

Step 01 打开素材文件"时间.jpg"，如图 12-35 所示。

Step 02 选择减淡工具🔍，在图像中的合适位置进行涂抹，即可使相应位置处的颜色变浅，如图 12-36 所示。

图 12-35 减淡前

图 12-36 减淡后

加深工具的使用方法如下：

Step 01 打开素材文件"彩色笔.jpg"，如图 12-37 所示。

Step 02 选择加深工具🔍，在图像中的合适位置进行涂抹，即可加深相应区域的颜色，如图 12-38 所示。

图 12-37 加深前

图 12-38 加深后

五、路径工具

路径工具组中包括钢笔工具、自由钢笔工具、添加锚点工具、删除锚点工具，以及转换点工具，下面将分别对其进行详细介绍。

1. 钢笔工具

钢笔工具✒是绘制路径的基本工具，使用钢笔工具可以绘制出各种各样的路径。下面将介绍如何使用钢笔工具绘制直线和曲线。

选择钢笔工具，其属性栏如图 12-39 所示。

图 12-39 钢笔工具属性栏

其中，重要参数的含义如下：

◎ **橡皮带**：选中该复选框，在绘制路径时可以预先看到将要绘制的路径线段，从而判断出路径的走向。

◎ **自动添加/删除**：选中该复选框，可以让用户在单击线段时添加锚点，或在单击锚点时删除锚点。

（1）用钢笔工具绘制直线

选择钢笔工具，在其属性栏中选择"路径"工具模式，然后在图像中单击鼠标左键，确定起始锚点，在图像其他位置单击确定其他锚点，如图 12-40 所示。当鼠标指针移至起始锚点位置时，指针将变为形状，单击鼠标左键即可闭合路径，如图 12-41 所示。

图 12-40　创建路径

图 12-41　闭合路径

（2）用钢笔工具绘制曲线

选择钢笔工具，在其属性栏中选择"路径"工具模式，然后在心形图像的边缘上单击确定起始锚点。将鼠标指针移至适当的位置，按住鼠标左键并拖动，以调整控制线的方向和弯曲程度，使绘制的路径与心形边缘重合。按住鼠标左键并拖动，继续沿心形轮廓进行绘制，当指针回到起始锚点时，单击并调整控制点来完成路径的闭合。

若要创建 C 形曲线，可向前一条方向线的相反方向拖动，如图 12-42 所示，然后松开鼠标即可。

若要创建 S 形曲线，可按照与前一条方向线相同的方向进行拖动，然后松开鼠标，如图 12-43 所示。

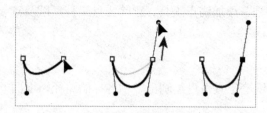

图 12-42　创建 C 形曲线

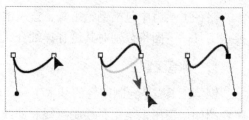

图 12-43　创建 S 形曲线

2. 自由钢笔工具

使用自由钢笔工具可以随意绘图，就像用铅笔在纸上绘图一样。在绘制路径的过程中，软件会自动为路径添加锚点。

在工具箱中选择自由钢笔工具，其属性栏如图 12-44 所示。

图 12-44　自由钢笔工具属性栏

选择自由钢笔工具，移动鼠标指针到图像窗口中，按住鼠标左键并拖动，松开鼠标后即可创建一条路径。在绘制路径的过程中，系统会自动根据曲线的走向添加适当的锚点和设置曲线的平滑度。

如果要控制最终路径对鼠标移动的灵敏度，可以在"曲线拟合"文本框中输入介于0.5~10 像素之间的数值。此数值越高，创建的路径锚点越少，路径就越简单。

选中"磁性的"复选框，则自由钢笔工具就具有了磁性套索工具的磁性功能。在单击确定路径的起始点后，沿着图像边缘移动鼠标，系统会自动根据颜色反差创建路径。

3．形状工具

形状工具可以用于绘制各种形状的图形和路径。形状工具组中包括矩形工具、圆角矩形工具、椭圆工具、多边形工具、直线工具和自定形状工具。下面将以矩形工具为例进行详细介绍。

在工具箱中选择矩形工具█，其属性栏如图 12-45 所示。其中：

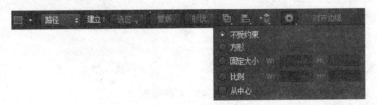

图 12-45　矩形工具属性栏

➢ **不受约束**：选中此单选按钮，按住鼠标左键并拖动，即可绘制任意大小的矩形；按住【Shift】键的同时按住鼠标左键并拖动，即可绘制正方形；按住【Alt】键的同时按住鼠标左键并拖动，即可绘制以鼠标单击点为中心的任意大小的矩形；按住【Alt+Shift】组合键的同时按住鼠标左键并拖动，即可绘制以鼠标单击点为中心的正方形。

➢ **方形**：选中该单选按钮，在文档窗口中按住鼠标左键并拖动，即可绘制任意大小的正方形。

➢ **固定大小**：选中该单选按钮，即可激活其后面的宽度和高度文本框，在其中输入相应的数值，即可绘制指定大小的矩形。

➢ **比例**：选中该单选按钮，即可激活其后面的水平比例和垂直比例文本框，在其中输入相应的数值，即可绘制比例固定的矩形。

➢ **从中心**：选中该复选框，在文档窗口中绘制矩形时将以单击点为中心绘制矩形。

➢ **对齐边缘**：选中该复选框，在文档中绘制矩形时可使矩形边缘对齐图像像素的边缘。

4．编辑路径

在选择和编辑路径时，经常会用到路径选择工具。路径选择工具包括路径选择工具▶和直接选择工具▷。

（1）路径的选择和移动

选择路径选择工具，然后在路径的任意位置单击鼠标左键，即可选中整条路经；选择直接选择工具，然后在要选择的路径的两个锚点之间单击鼠标左键，即可选中该路径段，此时两个锚点上的调整柄就会呈现出来。

（2）转换锚点

在路径中，锚点和方向线决定了路径的形状。锚点共有4种类型，分别为直线锚点、平滑锚点、拐点锚点和复合锚点。改变锚点的类型，可以改变路径的形状。

◎ 直线锚点：直线锚点没有调整柄，用于连接两条直线段。

◎ 平滑锚点：平滑锚点有两个调整柄，且调整柄在一条直线上。

◎ 拐点锚点：拐点锚点有两个调整柄，但调整柄不在一条直线上。

◎ 复合锚点：复合锚点只有一个调整柄。

图12-46所示为4种锚点的示意图。

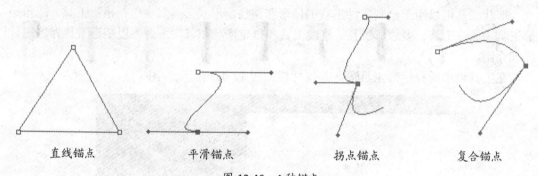

| 直线锚点 | 平滑锚点 | 拐点锚点 | 复合锚点 |

图 12-46　4 种锚点

六、文字工具

1．创建文字

在文字工具组中各文字工具的属性栏是相同的，下面以横排文字工具 T 为例进行介绍。选择横排文字工具，在图像中单击鼠标左键，此时出现文字工具属性栏，从中可以设置字体、字号等选项，如图12-47所示。

图 12-47　文字工具属性栏

（1）创建点文字

选择横排文字工具 T，在图像合适位置单击鼠标左键，在光标闪烁处输入所需的文字，按【Ctrl+Enter】组合键确认操作，此时"图层"面板中会自动新建一个文字图层，如图12-48所示。

图 12-48   创建点文字

（2）创建段落文字

选择横排文字工具 **T**，在图像窗口中按住鼠标左键并拖动，在合适的位置松开鼠标，即可绘制一个文本框，然后在其中输入文字，如图 12-49 所示。单击属性栏中的 ✔ 按钮或按【Ctrl+Enter】组合键，即可确认操作。

图 12-49   创建段落文字

（3）创建路径文字

选择钢笔工具，在图像窗口中绘制一条路径。选择横排文字工具，设置合适的字体和字号。将鼠标指针移至路径起始点处，这时指针变成 **I** 形状，单击确定文本插入点，将出现一个闪烁的光标，输入文字（如图 12-50 所示），然后单击工具箱中的其他工具确认操作。

图 12-50   创建路径文字

2．文字面板

文字面板包括"字符"面板和"段落"面板，若要设置文字的字体、字号和颜色等属性，除了可以利用文字工具属性栏外，还可以利用"字符"面板。单击文字工具属性栏中的 按钮，即可打开"字符"面板，如图 12-51 所示。

若要处理文字段落，可以单击"窗口"|"段落"命令，调出"段落"面板，如图 12-52 所示。

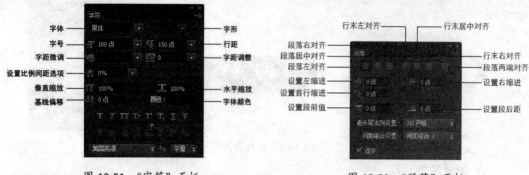

图 12-51 "字符"面板　　　　　　　　图 12-52 "段落"面板

3．编辑文字

在网页中创建文字后，还需要对其进行各种编辑操作。下面将介绍如何创建文字选区和变形文字，如何将文字转换为路径，以及如何将文字图层转换为普通图层。

（1）创建文字选区

如果需要创建文字选区，可以使用横排文字蒙版工具█和直排文字蒙版工具█。创建文字选区前，要先在属性栏中设置字体和字号（因为形成选区后就不能重新设置字体），然后在图像中单击确定光标位置，接着输入文字，确认操作后即可得到选区，如图 12-53 所示。

图 12-53　创建文字选区

（2）创建变形文字

利用文字的变形命令可以扭曲文字生成扇形、弧形、拱形和波浪形等各种形态的文字效果。对文字应用变形后，还可以随时更改文字的变形样式，以改变文字的变形效果，如图 12-54 所示。

图 12-54　创建变形文字

（3）将文字转换为路径

选中文字图层并右击，在弹出的快捷菜单中选择"创建工作路径"命令，或单击"文件"|"创建工作路径"命令，即可将文字转换为路径，如图 12-55 所示。

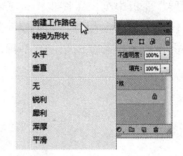

图 12-55　将文字转换为路径

（4）将文字图层转换为普通图层

文字图层和普通图层不同，对它只能进行文字属性的设置。要想对文字图层使用"滤镜"命令和工具箱中的工具进行编辑，需要将文字图层转换为普通图层，即将文字图层栅格化。

选择文字图层，然后单击"文字"|"栅格化文字图层"命令，即可将文字图层转换为普通图层，如图 12-56 所示。

图 12-56　将文字图层转换为普通图层

任务二　常用面板的使用

面板是 Photoshop 界面中的一个非常重要的组成部分，其中存放了用户操作的所有对象。通过这些面板可以对图像窗口中的各个对象进行所需的操作，并实现相应的功能。

一、"图层"面板

Photoshop 将图像的不同部分分别存放在不同的图层中，这些图层叠放在一起形成完整的图像，用户可以单独对每一层中的图像内容进行操作，而不会影响其他图层。

（1）了解图层

在"图层"面板中，图层在窗口中的顺序是根据在图层面板中的上下顺序排列的，如图 12-57 所示。

"图层"面板中列出了图像中的所有图层、图层组和图层效果。使用"图层"面板上的按钮不仅能完成许多任务，如创建、隐藏、显示、复制和删除图层等，还可以通过单击"图层"面板右上角的■按钮，在弹出的控制菜单中选择其他命令，如图 12-58 所示。

图 12-57 "图层"面板　　　　　　　　　图 12-58 选择命令

（2）创建新图层

单击"图层"面板底部的"创建新图层"按钮■，即可创建一个完全透明的空白图层，如图 12-59 所示。

图 12-59 创建新图层

单击"图层"|"新建"|"图层"命令，弹出"新建图层"对话框，可以设置新建图层的名称、颜色、不透明度和色彩混合模式等。

（3）应用图层样式

单击"图层"面板底部的"添加图层样式"按钮■，在弹出的下拉列表中选择相应的选项，即可快速制作出所需的效果。

下面以斜面和浮雕样式为例介绍图层样式的应用，具体操作方法如下：

Step 01 按【Ctrl+O】组合键，打开素材文件"花.jpg"，如图 12-60 所示。

Step 02 选择矩形选框工具▓，在图像上创建一个矩形选区，如图 12-61 所示。

图 12-60　打开素材文件　　　　　　　　图 12-61　创建矩形选区

Step 03 按【Ctrl+J】组合键，将选区内的图像复制到一个新图层中，如图 12-62 所示。

Step 04 单击"添加图层样式"按钮▣，在弹出的下拉列表中选择"斜面和浮雕"选项，如图 12-63 所示。

图 12-62　复制选区图像到新图层　　　　图 12-63　选择"斜面和浮雕"选项

Step 05 在弹出的"图层样式"对话框中设置各项参数，然后单击"确定"按钮，如图 12-64 所示。

Step 06 利用移动工具▸＋将制作的浮雕效果向上移动，效果如图 12-65 所示。

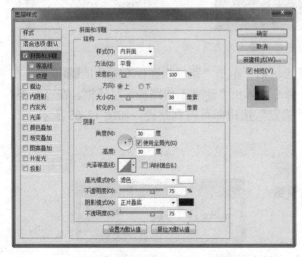 

图 12-64　"图层样式"对话框　　　　　　图 12-65　查看浮雕效果

二、"通道"面板

通道主要用于保存颜色数据，也可以用于保存选区。若要创建新通道，可以通过以下操作来实现：

单击"通道"面板底部的"创建新通道"按钮，即可创建一个新通道 Alpha1，效果如图 12-66 所示。

图 12-66　创建新通道

三、"路径"面板

"路径"面板是专门为路径服务的，在"路径"面板中既可以实现路径与选区之间的转换，还可以实现路径的描边与填充。

1. 路径与选区转化

要将当前选择的路径转换为选区，可以单击"路径"面板底部的"将路径作为选区载入"按钮，或直接按【Ctrl+Enter】组合键，如图 12-67 所示。

图 12-67　将路径转化为选区

选区同样也可以转换为路径。在创建选区后，单击"路径"面板右上角的按钮，在弹出的下拉菜单中选择"建立工作路径"命令，弹出"建立工作路径"对话框。在"容差"文本框中设置路径的平滑度，然后单击"确定"按钮即可得到路径，如图 12-68 所示。

图 12-68　建立工作路径

2．路径的描边与填充

在对路径进行描边时，首先需要选择描边工具，并对该工具进行相应的参数设置。在"路径"面板中选择要描边的路径层，然后单击"路径"面板底部的"用画笔描边路径"按钮，即可为路径描边，如图 12-69 所示。

图 12-69　路径的描边

在"路径"面板中选择要描边的路径层，然后单击"路径"面板底部的"用前景色填充路径"按钮，即可将路径填充为前景色，如图 12-70 所示。

图 12-70　路径的填充

项目小结

通过本项目的学习，读者应重点掌握以下知识：
（1）学会使用移动工具选择对象。
（2）掌握利用圆选框工具、磁性套索工具、魔棒工具等创建选区的操作方法。
（3）掌握如何使用切片工具和切片选择工具切割和修改网页图像。
（4）掌握使用擦除工具、锐化与模糊工具以及减淡与加深等工具修改图像。
（5）学会使用钢笔工具创建和编辑路径。
（6）学会利用文字工具创建文字以及利用文字面板编辑文字。
（7）掌握图层面板、通道面板和路径面板的作用和使用方法。

项目习题

（1）使用创建选区工具结合工具栏中的"新选区"、"添加到选区"、"从选区减去"和"与选区交叉"按钮练习选区的创建。

（2）打开素材图像"摄影.jpg"，使用裁剪工具裁剪图像，如图 12-71 所示。

图 12-71　裁剪图像

操作提示：

① 在"工具"面板中选择裁剪工具，在图像上拖动鼠标创建裁剪范围。

② 将鼠标指针置于裁剪框的边角上，拖动鼠标旋转图片。

③ 在键盘上数字键区中按【Enter】键确定裁剪。

（3）创建一个新文件，插入素材图像"卡通.jpg"和"草地.jpg"，并制作如图 12-72 所示的效果。

图 12-72　插入图形与文字

操作提示：

① 新建 1065 像素*800 像素大小的文件

② 对"卡通.jpg"图像创建选区，并将选区内图像拖至新文件中。使用同样的方法，对"草地.jpg"图像创建选区并将选区内图像拖至新文件中。

③ 在图像中输入文字并设置格式。

④ 新建图层，使用椭圆选框工具创建选区并填充颜色，调整图层的不透明度。

项目十三　使用 Photoshop 处理网页图像

项目概述

　　应用于网页中的图形几乎都需要经过处理，在表现出设计者的意图后才能应用于网页中。大多数情况下，首先会选择一幅原始图像，然后根据需要进行适当的修改或修饰。本项目将详细介绍如何利用 Photoshop CS6 处理网页图像。

项目重点

　🖎 掌握调整网页图像大小的方法。
　🖎 理解网页图像变换与变形的方法。
　🖎 掌握修复图像的技巧。
　🖎 学会如何调整图像色彩。

项目目标

　➲ 能够利用修复工具修复网页图像。
　➲ 利用色彩调整工具将图像色彩调到视觉最佳化。

任务一　网页图像大小的调整

任务概述

　　在网页设计中，对图像尺寸和大小都有着严格的要求，应在保持符合要求的情况下追求更小的图片设计。下面将介绍如何对图片的大小进行调整和编辑。

任务重点与实施

一、调整图像大小

　　在使用 Photoshop 编辑网页图像时，单击"图像"|"图像大小"命令或按【Alt+Ctrl+I】组合键，将弹出"图像大小"对话框，如图 13-1 所示。

其中，各选项的含义如下：

> **像素大小**：通过改变"宽度"和"高度"的数值，可以调整图像的大小。
> **文档大小**：通过改变"宽度"、"高度"和"分辨率"的数值，可以调整图像文件的大小。
> **自动**：单击该按钮，将弹出"自动分辨率"对话框，在其中可以选择一种自动调整打印分辨率的样式。
> **缩放样式**：选中该复选框，表示在调整图像大小时将按比例缩放图像。

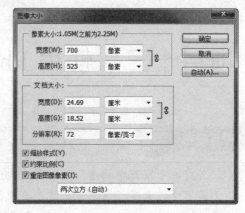

图 13-1 "图像大小"对话框

> **约束比例**：选中该复选框，将会限制长宽比，即在"宽度"和"高度"选项的后面出现一个⑧图标，表示改变其中某一选项设置时，另一选项会按比例发生相应的变化。
> **重定图像像素**：取消选择该复选框，"像素大小"选项区域为固定值，不会再发生变化。

二、调整画布大小

画布大小是指当前图像周围工作空间的大小。单击"图像"|"画布大小"命令或按【Alt+Ctrl+C】组合键，均会弹出"画布大小"对话框。

调整画布大小的方法如下：

Step 01 打开素材文件"运动鞋.fla"，单击"图像"|"画布大小"命令，如图 13-2 所示。

Step 02 弹出"画布大小"对话框，在"画布大小"对话框中设置"宽度"和"高度"分别为 2 厘米，然后单击"确定"按钮，如图 13-3 所示。

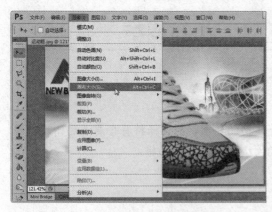

图 13-2 单击"画布大小"命令

图 13-3 设置画布大小

Step 03 此时，画布四周都增加了 2 厘米，效果如图 13-4 所示。

Step 04 再次单击"图像"|"画布大小"命令，在弹出的对话框中设置设置"宽度"和"高度"分别为-4 厘米，然后单击"确定"按钮，如图 13-5 所示。

图 13-4　查看效果

图 13-5　设置画布大小

Step 05　在弹出的提示信息框中单击"继续"按钮,则对图像进行剪切,如图 13-6 所示。

Step 06　此时,图像四周都在原始图像基础上减少了 2 厘米,效果如图 13-7 所示。

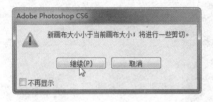

图 13-6　确认剪切操作

图 13-7　查看剪切效果

任务二　网页图像的变换与变形

任务概述

在制作网页的过程中,经常需要对网页图像进行变换和变形,在 Photoshop 中可以轻松实现。下面将分别对其进行介绍。

任务重点与实施

一、变换图像

变换图像可以使用"编辑"|"变换"菜单中的子命令实现,也可以使用快捷键【Ctrl+T】对图像进行各种变形操作,如图像的缩放、旋转、斜切和透视等。下面以使用快捷键的方法对图像进行变换,具体操作方法如下:

Step 01 打开素材文件"变换图像.psd"，如图 13-8 所示。

Step 02 选中图片，按【Ctrl+T】组合键出现矩形手柄框，右击鼠标出现选项命令，在弹出的快捷菜单中选择"缩放"命令，如图 13-9 所示。

图 13-8　打开素材文件　　　　　　　　图 13-9　选择"缩放"命令

Step 03 此时，即可查看将图像放大之后的效果，如图 13-10 所示。

Step 04 同理，若在弹出的快捷菜单中选择"斜切"命令，效果如图 13-11 所示。

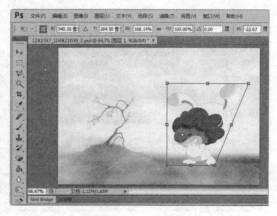

图 13-10　缩放图像　　　　　　　　图 13-11　斜切图像

二、内容识别比例缩放

使用内容识别功能在调整图像大小时能智能地保留重要区域，使其不发生变形。单击"编辑"|"内容识别比例"命令，此时的属性选项栏如图 13-12 所示。

图 13-12　属性选项栏

单击属性选项栏中的"保护肤色"按钮，在变换时会自动对图像部分进行保护，如图 13-13 所示。可以看出窗口中直接变形的图像变窄了，但受保护的图像没有发生变形，只是两者之间的距离拉近了。

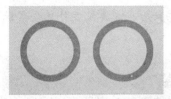
原图像

直接变形效果

单击"保护肤色"按钮效果

图 13-13　内容识别比例

任务三　修饰与修复网页图像

任务概述

修改图像主要是指对图像的色彩、图像内容等根据需要进行修改，使整个图像更加适合网页，能更好地表现出设计者的设计思路与意图。

任务重点与实施

一、使用图章工具组修复图像

图章工具组包括仿制图章工具和图案图章工具，如图 13-14 所示。利用图章工具组可以复制图像中某一部分内容至另一位置，以达到修复图像内容、清除多余内容的目的，它与后面讲到的修复工具组具有相似之处。

> ▪ ♣ 仿制图章工具　S
> ※♣ 图案图章工具　S

图 13-14　图章工具组

使用仿制图章工具修复图像的具体操作方法如下：

Step 01　打开素材图像"仿制.jpg"，如图 13-15 所示。
Step 02　选择工具栏中的仿制图章工具，如图 13-16 所示。

图 13-15　打开素材

图 13-16　选择仿制图章工具

Step 03 按住【Alt】键的同时单击鼠标左键，在图像上获取源点后在需要修改处单击鼠标左键（如图 13-17 所示），最终效果如图 13-18 所示。

图 13-17 获取源点

图 13-18 查看修复效果

二、使用修复工具组修复图像

修复工具组在图像处理中不仅可以修复图像，也可以用于制作一些特殊效果。下面将重点介绍如何使用修复工具对网页图像进行处理以及特效制作。

修复工具主要包括：污点修复画笔工具、修复画笔工具、修补工具、内容感知移动工具和红眼工具，如图 13-19 所示。

图 13-19 修复工具组

1. 使用污点修复画笔工具

污点修复画笔工具主要用于修复图像中的小污点，该工具会自动分析污点周围的环境，并且将污点覆盖。使用污点修复画笔工具修复图像的具体操作方法如下：

Step 01 打开素材图像 01.jpg，选择污点修复画笔工具，如图 13-20 所示。

Step 02 在污点处单击鼠标左键，如图 13-21 所示。

图 13-20 选择污点修复画笔工具

图 13-21 在污点处单击

Step 03 若要调整画笔参数，可右击画布，弹出设置画笔参数选项框，在其中根据需要进行设置，如图 13-22 所示

Step 04 查看擦除完污点后的图像效果，如图 13-23 所示。

图 13-22　设置画笔参数　　　　　　　　　　图 13-23　查看擦除污点效果

2. 使用修复画笔工具

修复画笔工具的作用也是修复图像中污点及多余的元素，使用修复画笔工具修复图像的具体操作方法如下：

Step 01 打开素材图像 02.jpg，选择修复画笔工具，如图 13-24 所示

Step 02 按住【Alt】键，在草地上单击取样，然后在需要修复的地方单击鼠标左键，效果如图 13-25 所示。

图 13-24　选择修复画笔工具　　　　　　　　　图 13-25　修复图像

3. 使用修补工具

修补工具相对于前两种工具来说更加灵活，它可以通过手绘的方式来选择需要修复的区域或形状。使用修补工具修补图像的具体操作方法如下：

Step 01 打开素材图像 03.jpg，选择修补工具，如图 13-26 所示

Step 02 使用修补工具绘制需要修补区域的选区，如图 13-27 所示。

图 13-26　选择修补工具　　　　　　　　　　图 13-27　绘制选区

Step 03 绘制好需要修改的选区后，按住鼠标左键将其拖至目标区域，如图 13-28 所示。

Step 04 此时，即可查看使用修补工具修补后的图像效果，如图 13-29 所示。

图 13-28　拖动选区

图 13-29　查看修补效果

Step 05 若需要用选区来修补目标，可以在属性选项栏中选中"目标"单选按钮，如图 13-30 所示。

Step 06 此时，拖动选区修补图像的效果如图 13-31 所示

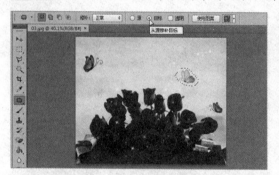
图 13-30　选中"目标"单选按钮

图 13-31　查看修补效果

4. 使用红眼工具

在 Photoshop CS6 中，使用红眼工具可以很轻松地去除红眼。下面将通过实例来介绍如何使用红眼工具去除红眼，具体操作方法如下：

Step 01 打开素材图像 04.jpg，选择红眼工具，如图 13-32 所示。

Step 02 设置属性选项栏中的各项参数，然后分别在瞳孔上单击鼠标左键即可，效果如图 13-33 所示。

图 13-32　选择红眼工具

图 13-33　去除红眼

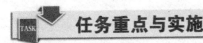

任务四　网页图像色彩的调整

任务概述

在设计网页过程中，图像的色彩与色调调整在图像处理中是一项非常重要的内容。在 Photoshop CS6 中提供了多种工具和命令，以使用户进行图像色彩的调整，使图像看上去更具有艺术感，从而增加作品的可观赏性。下面将详细介绍在 Photoshop 中常用的调整图像色彩的方法。

任务重点与实施

一、使用"色阶"命令调整图像色调

"色阶"命令对于调整图像色调是使用频率非常高的命令之一，它可以通过调整图像的暗调、中间调和高光的强度级别来校正图像的色调范围和色彩平衡。

单击"图像"|"调整"|"色阶"命令或按【Ctrl+L】组合键，弹出"色阶"对话框。其中，重要选项的含义如下：

> **输入色阶：** 在此文本框中输入数值或拖动黑、白、灰滑块，可以调整图像的高光、中间调和阴影，提高图像的对比度。向右拖动黑色或灰色滑块，可以使图像变暗；向左拖动白色或灰色滑块，可以使图像变亮。

> **输出色阶：** 通过"输出色阶"可以调整图像的亮度，将黑色滑块向右侧拖动时，图像会变得更亮；将右侧的白色滑块向左拖动时，可以将图像亮度调暗。

使用"色阶"命令调整图像色调的具体操作方法如下：

Step 01 按【Ctrl+O】组合键，打开素材图像"夏日.jpg"，如图 13-34 所示。

Step 02 单击"图像"|"调整"|"色阶"命令，弹出"色阶"对话框，如图 13-35 所示。

图 13-34　打开素材图像

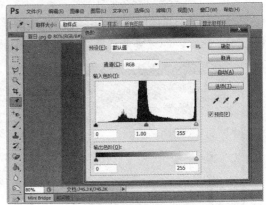

图 13-35　"色阶"对话框

Step 03 拖动"输入色阶"选项区中的滑块，单击"确定"按钮，如图 13-36 所示。

Step 04 此时，即可得到调整色阶后的图像效果，如图 13-37 所示。

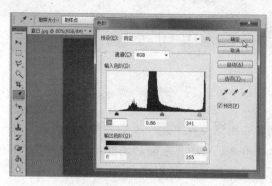

图 13-36　调整色阶

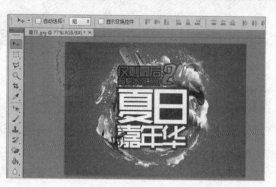

图 13-37　查看调整效果

二、使用"曲线"命令调整图像色调

"曲线"命令也是 Photoshop 中较常用的色调调整命令之一，它可以在暗调到高光色调范围内对图像中多个不同点的色调进行调整。使用"曲线"命令调整图像色调的具体操作方法如下：

Step 01 按【Ctrl+O】组合键，打开素材图像"水晶.jpg"，如图 13-38 所示。

Step 02 单击"图像"|"调整"|"曲线"命令，弹出"曲线"对话框，如图 13-39 所示。

图 13-38　打开素材图像

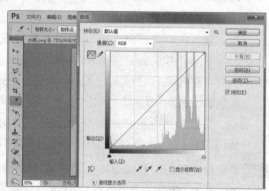

图 13-39　"曲线"对话框

Step 03 设置"通道"为"绿"，拖动曲线调整其形状，单击"确定"按钮，如图 13-40 所示。

Step 04 此时，即可查看调整色调后的图像效果，如图 13-41 所示。

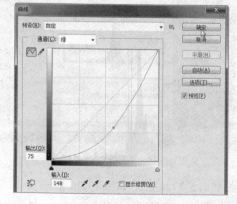

图 13-40　调整曲线

图 13-41　查看调整效果

三、使用"亮度/对比度"命令调整图像色调

使用"亮度/对比度"命令是对图像的色调范围进行调整的较简单的方法。与"曲线"和"色阶"命令不同,"亮度/对比度"命令是一次性调整图像中的所有像素。

单击"图像"|"调整"|"亮度/对比度"命令,弹出"亮度/对比度"对话框。其中,各选项的含义如下:

> **亮度**:当数值为负时,表示降低图像的亮度;当数值为正时,表示增加图像的亮度;当数值为 0 时,图像无变化。可以拖动滑块进行调整,也可以直接输入数值。

> **对比度**:当数值为负时,表示降低图像的对比度;当数值为正时,表示增加图像的对比度;当数值为 0 时,图像无变化。可以拖动滑块进行调整,也可以直接输入数值。

使用"亮度/对比度"命令调整图像色调的具体操作方法如下:

Step 01 打开素材图像"热气球.jpg",单击"图像"|"调整"|"亮度/对比度"命令,弹出"亮度/对比度"对话框,设置各项参数,然后单击"确定"按钮,如图 13-42 所示。

Step 02 此时,即可查看调整亮度和对比度后的图像效果,如图 13-43 所示。

图 13-42　调整亮度/对比度　　　　　　图 13-43　查看调整效果

四、使用"色彩平衡"命令调整图像色彩与色调

"色彩平衡"命令是通过调整各种色彩的色阶平衡来校正图像中出现的偏色现象,更改图像的总体颜色混合。

单击"图像"|"调整"|"色彩平衡"命令或按【Ctrl+B】组合键,弹出"色彩平衡"对话框。其中,各选项的含义如下:

◎ 色彩平衡:在该选项区中有"青色"和"红色"、"洋红"和"绿色"、"黄色"和"蓝色"3 对互补的颜色可供调节。将滑块向主要增加的颜色方向拖动,即可增加该颜色,减少其互补颜色,也可以在"色阶"文本框中输入数值进行调节。

◎ 色调平衡:用于设置色调范围,主要通过"阴影"、"中间调"和"高光"3 个单选按钮进行设置。选中"保持明度"复选框,则可以在调整色彩平衡过程中保持图像的整体亮度不变。

使用"色彩平衡"命令调整图像色彩与色调的具体操作方法如下:

Step 01 打开素材图像"荷叶.jpg",单击"图像"|"调整"|"色彩平衡"命令,弹出"色彩平衡"对话框,设置各项参数值,单击"确定"按钮,如图 13-44 所示。

Step 02 此时,即可查看调整色彩平衡后的图像效果,如图 13-45 所示。

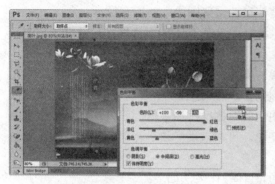 

图 13-44　调整色彩平衡　　　　　　　　图 13-45　查看调整效果

五、使用"色相/饱和度"命令调整图像颜色

利用"色相/饱和度"命令可以改变图像的颜色,为黑白照片上色或调整单个颜色成分的色相、饱和度和明度等。使用"色相/饱和度"命令调整图像颜色的具体操作方法如下:

Step 01 按【Ctrl+O】组合键,打开素材图像"蒲公英.jpg",如图 13-46 所示。

Step 02 单击"图像"|"调整"|"色相/饱和度"命令,弹出"色相/饱和度"对话框,设置"色相"为50,单击"确定"按钮,如图 13-47 所示。

图 13-46　打开素材图像　　　　　　　图 13-47　"色相/饱和度"对话框

Step 03 此时,即可改变图像的整体色调,效果如图 13-48 所示。

图 13-48　查看调整色相效果

Step 04 若设置"饱和度"选项的数值为 50，如图 13-49 所示。

Step 05 此时图像的整体颜色深度发生变化，效果如图 13-50 所示。

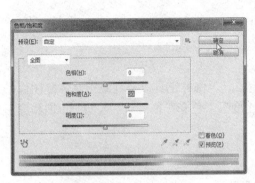

图 13-49　设置饱和度

图 13-50　查看调整饱和度效果

Step 06 若设置"明度"的数值为-50，单击"确定"按钮，如图 13-51 所示。

Step 07 此时图像的整体颜色亮度变暗，效果如图 13-52 所示。

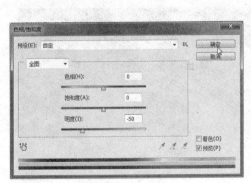

图 13-51　设置明度

图 13-52　查看调整明度效果

Step 08 若在"色相/饱和度"对话框右下方选中"着色"复选框，调整饱和度的数值，如图 13-53 所示。

Step 09 此时即可制作出单色调图像效果，如图 13-54 所示。

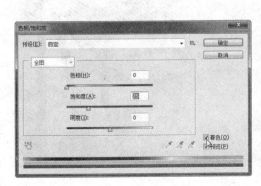

图 13-53　选中"着色"复选框

图 13-54　单色调图像效果

项目小结

通过本项目的学习，读者应重点掌握以下知识：
（1）掌握调整图像以及画布大小的操作方法。
（2）掌握如何变换图像，并使用内容识别比例缩放工具的方法。
（3）学会使用图章工具修复图像。
（4）学会使用污点修复画笔工具、修复画笔工具、修补工具以及红眼工具修复图像。
（5）学会使用"色阶"、"曲线"、"亮度/对比度"、"色彩平衡"，以及"色相/饱和度"命令的方法调整图像的色调、亮度、对比度等。

项目习题

（1）打开素材图像"稻草人.jpg"，使用仿制图章工具绘制图像，前后效果对比如图13-55所示。

图 13-55　使用仿制图章工具绘制图像

（2）打开素材图像"卡通女孩.jpg"，使用"色彩平衡"命令调整图像色彩，前后效果对比如图13-56所示。

图 13-56　调整图像色彩

项目十四　企业网站设计综合案例

项目概述

　　本项目主要设计与制作一个电器公司的网页。从前期规划，到在 Photoshop 中设计首页的设计稿，再到在 Dreamweaver 中制作成网页。通过本项目的学习，读者应能掌握网页设计的整个流程和方法。

　　在制作本案例时，将采用现在流行的设计方式，将导航栏置于顶端，然后在其下方放置一张该电器公司主营产品的宣传图片。主体部分将分三栏进行制作，分别用于展示公司产品的相关信息，最终效果如图 14-1 所示。

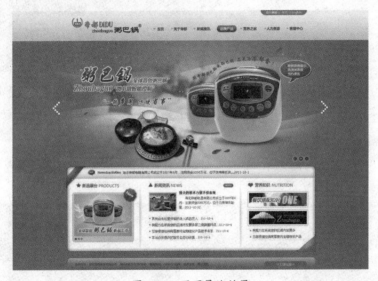

图 14-1　网页最终效果

项目重点

　　🍃 巩固在 Photoshop 中制作网页效果图并进行切片的方法。
　　🍃 巩固在 Dreamweaver 中制作网页的方法。
　　🍃 巩固利用 CSS 样式美化网页的方法。

项目目标

　　通过本项目的学习，要能够利用 Photoshop CS6 制作网页元素及效果图，并对其进行切片，然后利用 Dreamweaver CS6 进行网页制作。

一、导航栏和 Banner 的制作

下面将详细介绍如何制作本案例的导航栏和 Banner，具体操作方法如下：

Step 01 在 Photoshop 中单击"文件"|"新建"命令，在弹出的对话框中设置各项参数，然后单击"确定"按钮，如图 14-2 所示。

Step 02 设置前景色为 RGB（215，143，0），按【Alt+Delete】组合键填充"背景"图层，如图 14-3 所示。

图 14-2 设置文件参数

图 14-3 填充"背景"图层

Step 03 按【Ctrl+R】组合键调出标尺，单击"视图"|"新建参考线"命令，在弹出的对话框中设置参数，然后单击"确定"按钮，如图 14-4 所示。

Step 04 继续新建两条参考线，分别为"垂直 1202 像素"和"水平 114 像素"，如图 14-5 所示。

图 14-4 新建参考线

图 14-5 再新建两条参考线

Step 05 单击"创建新图层"按钮，新建"图层 1"。选择矩形选框工具，创建一个矩形选区，如图 14-6 所示。

Step 06 选择渐变工具，设置渐变色为白色到 RGB（220，220，220），单击线性渐变按钮，填充渐变色，如图 14-7 所示。

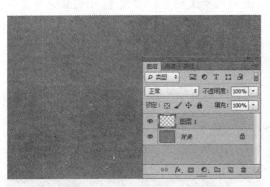

图 14-6　创建矩形选区

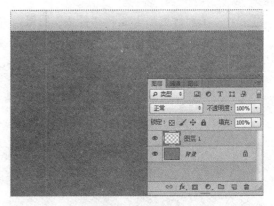

图 14-7　填充渐变色

Step 07 按【Ctrl+D】组合键取消选区，按【Ctrl+O】组合键打开 "素材.psd"，如图 14-8 所示。

Step 08 选择 logo 图层，将其拖到之前的文档窗口中，并调整该图像的位置，如图 14-9 所示。

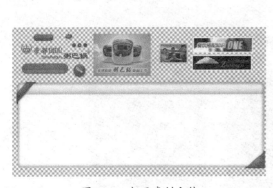

图 14-8　打开素材文件

图 14-9　拖入素材并调整位置

Step 09 选择横排文字工具，打开 "字符" 面板，设置文字的各项参数。输入文字后，将 "品牌产品" 设置为白色，如图 14-10 所示。

Step 10 在素材文档中选择 "按钮" 图层，将其拖到网页文档中，然后拖到 logo 图层的上方，如图 14-11 所示。

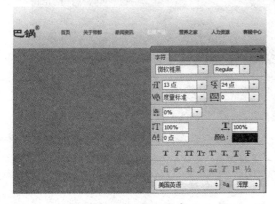

图 14-10　输入文字

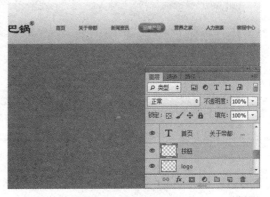

图 14-11　拖入按钮素材

Step 11 在素材文档中选择"箭头"图层，将其拖到网页文档中，并按【Ctrl+J】组合复制多个，然后调整它们的位置，如图 14-12 所示。

Step 12 在素材文档中选择"按钮 2"图层，将其拖到网页文档中，然后调整其位置，如图 14-13 所示。

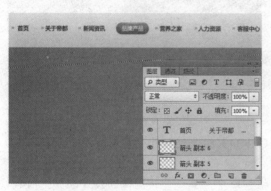

图 14-12 拖入并复制箭头素材   图 14-13 拖入按钮素材

Step 13 选择横排文字工具，打开"字符"面板，设置文字的各项参数，然后输入文字，如图 14-14 所示。

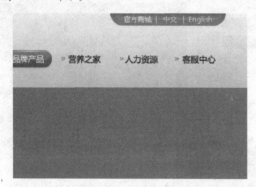

图 14-14 输入文字

Step 14 按【Ctrl+O】组合键，打开素材图像"banner.jpg"，如图 14-15 所示。

图 14-15 打开素材图像

Step 15 将 banner 素材图像拖到网页文档中，并调整到合适的位置，如图 14-16 所示。

Step 16 在素材文档中选择"圆"图层，将其拖到网页文档中，如图 14-17 所示。

图 14-16　拖入 banner 素材

图 14-17　拖入素材

二、网页主体部分的制作

下面将详细介绍网页主体部分的制作方法，具体操作方法如下：

Step 01　在素材文档中选择"面板"图层，将其拖入到网页文档中，并放到 banner 图像的下方，如图 14-18 所示。

Step 02　选择横排文字工具，打开"字符"面板，设置文字的各项参数，其中颜色为 RGB（208，113，11），输入文字，如图 14-19 所示。

图 14-18　拖入面板素材

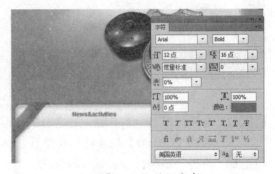
图 14-19　输入文字

Step 03　在素材文档中选择"气泡"图层，将其拖到网页文档中，如图 14-20 所示。

图 14-20　拖入气泡素材

Step 04　选择横排文字工具，打开"字符"面板，设置文字的各项参数，其中颜色为 RGB（89，89，89），输入文字，如图 14-21 所示。

图 14-21　输入文字

Step 05 选择椭圆选框工具![icon]，在空白区域创建一个椭圆选区，如图 14-22 所示。

Step 06 单击"创建新图层"按钮![icon]，新建"图层 3"。选择渐变工具![icon]，设置渐变色为白色到 RGB（142，142，142），绘制渐变色，如图 14-23 所示。

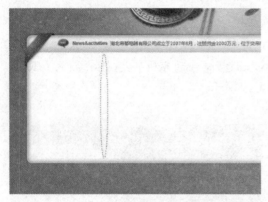

图 14-22　创建椭圆选区

图 14-23　绘制渐变色

Step 07 选择矩形选框工具![icon]，创建一个矩形选区。按【Delete】键删除选区内的图像，然后按【Ctrl+D】组合键取消选区，如图 14-24 所示。

Step 08 单击"添加图层蒙版"按钮![icon]，为"图层 3"添加图层蒙版，如图 14-25 所示。

图 14-24　删除图像

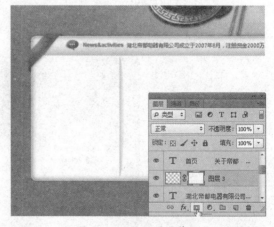

图 14-25　添加图层蒙版

Step 09 选择渐变工具![icon]，设置渐变色为"黑白黑渐变"，再绘制渐变色，如图 14-26 所示。

Step 10 按【Ctrl+J】组合键复制"图层 3"，得到"图层 3 副本"，然后调整其位置，如图 14-27 所示。

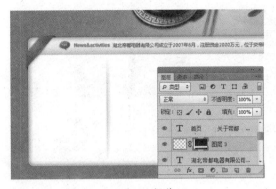

图 14-26 编辑蒙版 图 14-27 复制图层

Step 11 选择自定形状工具 ，设置填充颜色为 RGB（240，85，11），选择"五角星"形状进行绘制，如图 14-28 所示。

Step 12 用上述方法继续绘制三角形和心形形状，如图 14-29 所示。

图 14-28 绘制五角星形状 图 14-29 绘制其他形状

Step 13 选择横排文字工具 ，打开"字符"面板，设置文字的各项参数，其中颜色为 RGB（208，90，6），输入文字，如图 14-30 所示。

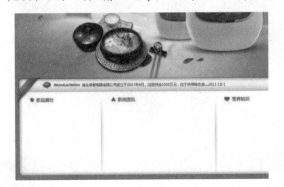

图 14-30 输入文字

Step 14 继续选择横排文字工具 ，打开"字符"面板，设置文字的各项参数，其中颜色为 RGB（38，160，42），输入英文文本，如图 14-31 所示。

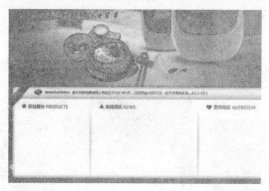

图 14-31　输入英文文本

Step 15　在素材文档中选择"更多"图层，将其拖入到网页文档中，如图 14-32 所示。

Step 16　选择圆角矩形工具 ，在其属性选项栏中设置颜色为 RGB（220，220，220），"半径"为 10 像素，绘制一个圆角矩形，如图 14-33 所示。

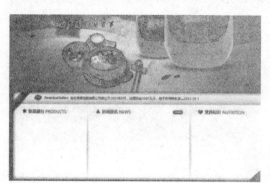

图 14-32　拖入素材

图 14-33　绘制圆角矩形

Step 17　在素材文档中，选择"图片 1"和 New 图层，将其拖到网页文档中，如图 14-34 所示。

Step 18　选择椭圆工具 ，绘制一个小的圆形。按两次【Ctrl+J】组合键进行复制，然后改变其颜色，如图 14-35 所示。

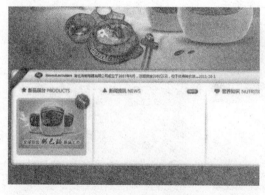

图 14-34　拖入素材

图 14-35　绘制圆形并复制

Step 19　在素材文档中选择"图片 2"、"图片 3"、"图片 4"，将其拖到网页文档中，如图 14-36 所示。

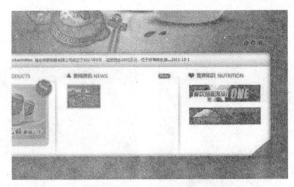

图 14-36　拖入素材

Step 20　选择横排文字工具，打开"字符"面板，设置文字的各项参数，输入文字，如图 14-37 所示。

图 14-37　输入文字

Step 21　选择椭圆工具，绘制一个小的圆形。按【Ctrl+J】组合键多次进行复制，然后调整它们的位置，如图 14-38 所示。

Step 22　选择"图片 3"，单击"添加图层样式"按钮，弹出"图层样式"对话框。在左侧选中"投影"选项，在右侧设置各项参数，然后单击"确定"按钮，如图 14-39 所示。

图 14-38　绘制圆形并复制

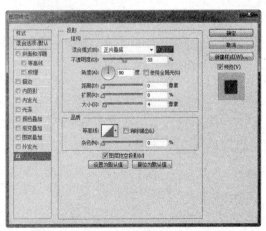

图 14-39　"图层样式"对话框

Step **23** 此时，即可查看添加"投影"图层样式后的图像效果，如图 14-40 所示。

Step **24** 选择"图片 4"，然后用同样的方法为其添加"投影"图层样式，如图 14-41 所示。

图 14-40 查看图像效果

图 14-41 添加投影

三、网页底部的制作

下面将详细介绍网页底部的制作，具体操作方法如下：

Step **01** 选择圆角矩形工具█，在属性选项栏中设置工具模式为"路径"，绘制一条路径。按【Ctrl+Enter】组合键，将路径转换为选区，如图 14-42 所示。

Step **02** 单击"创建新图层"按钮█，新建"图层 4"。设置前景色为白色，按【Alt+Delete】组合键填充图层，如图 14-43 所示。

图 14-42 绘制路径并转换为选区

图 14-43 新建并填充图层

Step **03** 单击"添加图层样式"按钮█，选择"渐变叠加"选项，设置各项参数，然后单击"确定"按钮，如图 14-44 所示。

Step **04** 选择圆角矩形工具，绘制一条路径，按【Ctrl+Enter】组合键，将路径转换为选区，如图 14-45 所示。

图 14-44 添加渐变叠加

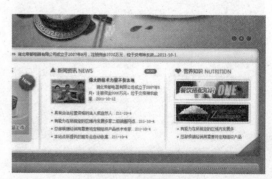
图 14-45 创建选区

Step 05 单击"创建新图层"按钮 █，新建"图层5"。设置前景色为 RGB（178，136，40），按【Alt+Delete】组合键填充选区，如图 14-46 所示。

Step 06 选择横排文字工具 █，打开"字符"面板，设置文字的各项参数，输入文字，如图 14-47 所示。

图 14-46 填充选区

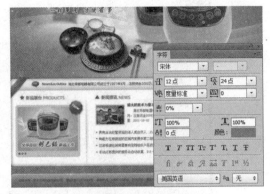

图 14-47 输入文字

四、将效果图进行切片

下面将详细介绍如何对效果图进行切片，具体操作方法如下：

Step 01 打开电脑文件窗口，在磁盘中新建一个文件夹，并重命名为"网页"，如图 14-48 所示。

Step 02 切换到 Photoshop CS6 窗口中，选择切片工具 █，将效果图进行切片操作，如图 14-49 所示。

Step 03 在"图层"面板中将网页效果图上的所有文本和一些小图标先隐藏，如图 14-50 所示。

图 14-48 新建文件夹

图 14-49 进行切片

图 14-50 隐藏文本和小图标

Step 04 单击"文件"|"存储为 Web 和设备所用格式"命令,在弹出的对话框中设置文件格式和品质,然后单击"存储"按钮,如图 14-51 所示。

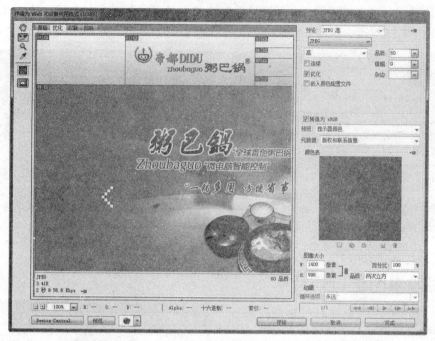

图 14-51　保存切片

Step 05 在弹出的对话框中选择"网页"文件夹,输入文件名 main,设置"格式"为"HTML和图像",设置"切片"为"所有切片",然后单击"保存"按钮,如图 14-52 所示。

Step 06 在弹出的警告信息框中单击"确定"按钮,即可导出切片,如图 14-53 所示。

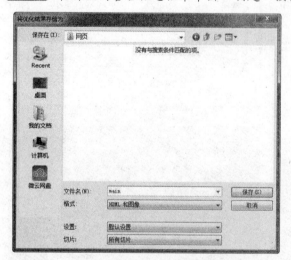

图 14-52　选择保存选项

图 14-53　确认操作

Step 07 打开保存切片的"网页"文件夹,即可看到切好的网页和图片文件夹,如图 14-54所示。

图 14-54　查看切片文件

五、制作网页头部部分

下面开始进入网页制作阶段，首先介绍如何制作网页头部部分，具体操作方法如下：

Step 01 启动 Dreamweaver CS6，单击 "文件" | "打开" 命令，如图 14-55 所示。

Step 02 弹出 "打开" 对话框，选择 main 文件，然后单击 "打开" 按钮，如图 14-56 所示。

图 14-55　单击 "打开" 命令　　　　　　　　图 14-56　选择打开文件

Step 03 选中右上方的图片，在 "属性" 面板中选中 "源文件" 文本框中的文件路径并右击，在弹出的快捷菜单中选择 "剪切" 命令，如图 14-57 所示。

Step 04 单击 "代码" 视图，可以看到高亮显示部分为当前图片的代码，如图 14-58 所示。

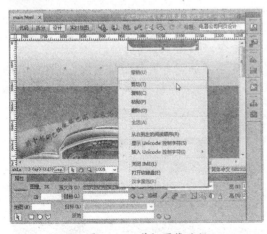

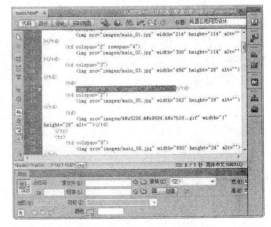

图 14-57　剪切图像路径　　　　　　　　　　图 14-58　转到代码视图

Step 05 按【Delete】键，将高亮显示的 html 代码删除。在包含它的 td 标签中按空格键，弹出代码提示器，选择 background 属性，如图 14-59 所示。

Step 06 在 background 属性双引号中粘贴第 3 步中剪切的文件路径，如图 14-60 所示。

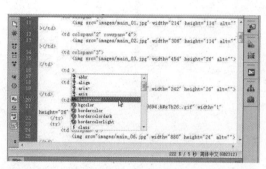

图 14-59 加入背景属性

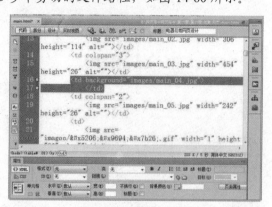

图 14-60 粘贴文件路径

Step 07 在设置了背景图像的 td 标签中输入用 span 标签标记的导航文本，如图 14-61 所示。

Step 08 切换到"设计"视图，将鼠标指针定位到右上方的单元格中，在"属性"面板中设置单元格水平对齐方式为"居中对齐"，如图 14-62 所示。

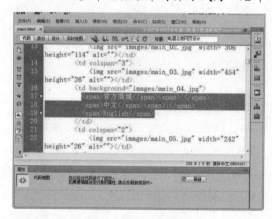

图 14-61 输入导航文本

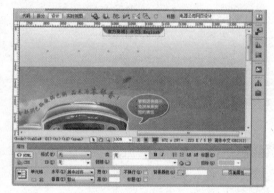

图 14-62 设置文本水平居中

Step 09 选中主导航部分的图片，在"属性"面板的"源文件"文本框中选中文件路径并右击，在弹出的快捷菜单中选择"剪切"命令，如图 14-63 所示。

Step 10 按照第 4 步到第 6 步的方法，将此图像作为背景添加到当前的 td 标签中，如图 14-64 所示。

图 14-63 剪切图像路径

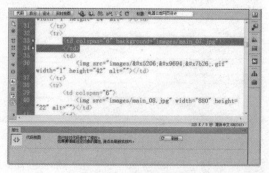

图 14-64 设置背景图像

Step 11 将光标定位到需要插入表格的地方,按组合键【Ctrl+Alt+T】在文档中插入表格,设置相关参数,然后单击"确定"按钮,如图 14-65 所示。

Step 12 根据需要调整表格的列宽和高度,如图 14-66 所示。

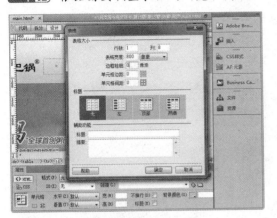

图 14-65 插入表格

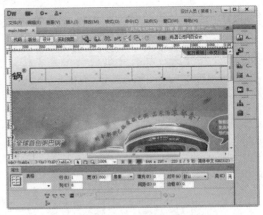

图 14-66 设置列宽和高度

Step 13 从第二个单元格开始输入导航菜单文本,然后选中文本,在"属性"面板中单击"加粗"按钮,如图 14-67 所示。

Step 14 在"属性"面板中单击"页面属性"按钮,如图 14-68 所示。

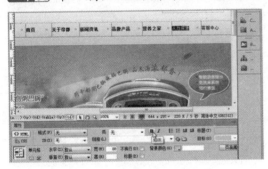

图 14-67 输入导航文本并加粗

图 14-68 单击"页面属性"按钮

Step 15 弹出"页面属性"对话框,设置字体属性和边距属性,然后单击"确定"按钮,如图 14-69 所示。

Step 16 单击"文件"|"保存"命令保存文档,然后按【F12】键预览网页,效果如图 14-70 所示。

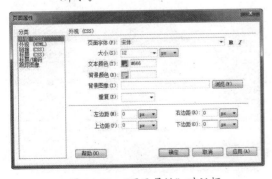

图 14-69 "页面属性"对话框

图 14-70 保存并预览网页

六、网页主体部分的制作

下面将详细介绍网页主体部分的制作，具体操作方法如下：

Step 01 选中"新闻资讯"文字右侧的白色图片并右击，在弹出的快捷菜单中选择"删除标签"命令，如图 14-71 所示。

Step 02 删除图片后将会出现一个单元格，在其中输入标题文本，如图 14-72 所示。

图 14-71 选择"删除标签"命令

图 14-72 输入标题文本

Step 03 选中单元格下面的白色图片并右击，在弹出的快捷菜单中选择"删除标签"命令，如图 14-73 所示。

Step 04 删除图片后将会出现一个单元格，在其中输入内容文本，如图 14-74 所示。

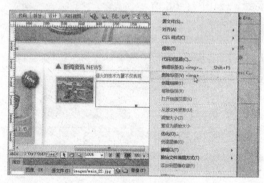

图 14-73 选择"删除标签"命令

图 14-74 输入内容文本

Step 05 选中下方的白色图片并右击，在弹出的快捷菜单中选择"删除标签"命令，如图 14-75 所示。

Step 06 删除图片后出现单元格，在"插入"面板中切换到"文本"类别，单击"项目列表"按钮，如图 14-76 所示。

图 14-75 选择"删除标签"命令

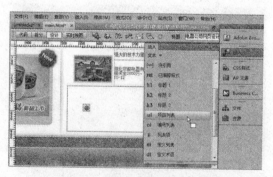

图 14-76 单击"项目列表"按钮

Step 07 在项目列表中输入文章标题，输完一行后按【Enter】键继续输入，如图 14-77 所示。

Step 08 选中右侧的白色图片并右击，在弹出的快捷菜单中选择"删除标签"命令，如图 14-78 所示。

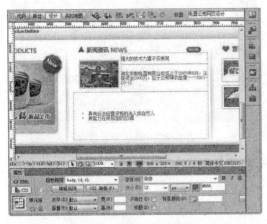

图 14-77　输入文章列表标题　　　　　　图 14-78　选择"删除标签"命令

Step 09 删除图片后出现单元格，按照第 6 步和第 7 步的方法输入文章列表标题，如图 14-79 所示。

Step 10 按照效果图中的文字将文章列表编辑完，保存并预览网页，查看网页主体部分的效果，如图 14-80 所示。

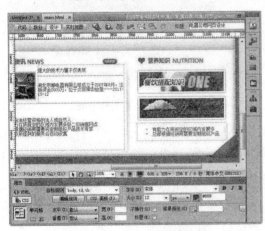
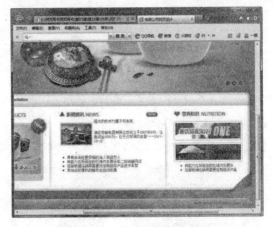

图 14-79　输入文章列表标题　　　　　　图 14-80　预览网页主体部分

七　网页页脚部分的制作

下面将详细介绍网页页脚部分的制作，具体操作方法如下：

Step 01 选中网页页脚的图片，在"属性"面板中选中"源文件"文本框中的路径并右击，在弹出的快捷菜单中选择"剪切"命令，如图 14-81 所示。

Step 02 进入代码视图，参照前面介绍的方法删除高亮显示标签，在 td 标签中添加背景属性并粘贴背景图像，如图 14-82 所示。

图 14-81　剪切图像路径

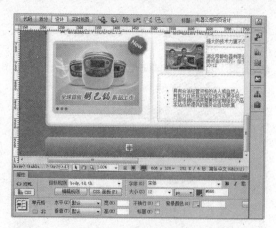

图 14-82　设置背景图片

Step 03　将页面图片设置为背景图像后出现单元格，在"插入"面板的"常用"类别中单击"表格"按钮，如图 14-83 所示。

Step 04　弹出"表格"对话框，设置相关参数，然后单击"确定"按钮，如图 14-84 所示。

图 14-83　单击"表格"按钮

图 14-84　设置表格参数

Step 05　根据需要调整表格的列宽和高度，如图 14-85 所示。

Step 06　在第二个单元格中输入网页的版权文本信息，如图 14-86 所示。

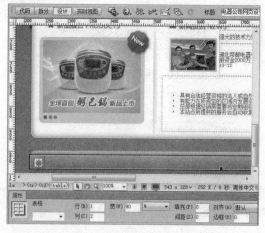

图 14-85　设置列宽和高度

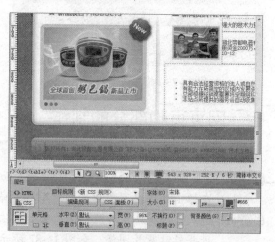

图 14-86　输入版权信息

Step 07 按【Ctrl+S】组合键保存文档，并按【F12】键预览网页，查看网页的页脚部分效果，如图 14-87 所示。

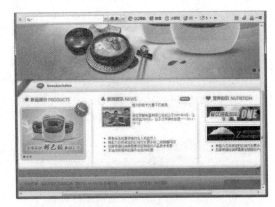

图 14-87　保存并预览网页

八、用 CSS 样式美化网页

下面将详细介绍如何使用 CSS 样式美化网页，具体操作方法如下：

Step 01 在"属性"面板中单击"页面属性"按钮，弹出"页面属性"对话框，如图 14-88 所示。

Step 02 在左侧选择"链接（CSS）"选项，在右侧设置链接相关参数，然后单击"确定"按钮，如图 14-89 所示。

图 14-88　"页面属性"对话框

图 14-89　设置链接属性

Step 03 在网页头部选中"首页"文字，在"属性"面板链接文本框中输入"#"创建空链接，如图 14-90 所示。

Step 04 采用同样的方法，为网页中需要添加链接的文本创建空链接，如图 14-91 所示。

图 14-90　设置文字超链接

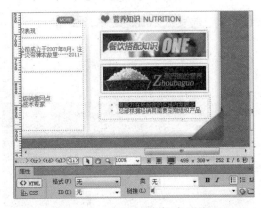

图 14-91　设置其他文字链接

Step 05 打开"CSS 样式"面板，单击下方的"新建 CSS 规则"按钮，如图 14-92 所示。

Step 06 在弹出的对话框中设置选择器类型和名称，然后单击"确定"按钮，如图 14-93 所示。

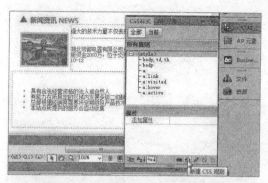

图 14-92　单击"新建 CSS 规则"按钮

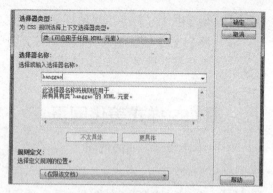

图 14-93　设置选择器类型和名称

Step 07　在 Line-height（行高）文本框中输入 18，单击"确定"按钮，如图 14-94 所示。

Step 08　选中要设置行高的文本，在"属性"面板的"类"下拉列表中选择 hanggao 选项，如图 14-95 所示。

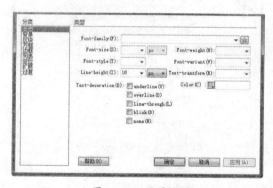

图 14-94　设置规则

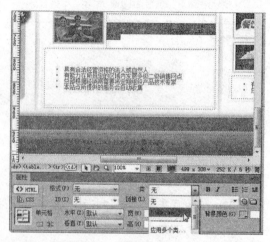

图 14-95　设置文本的行高属性

Step 09　选中文章标题文本，在"属性"面板的"类"下拉列表中选择 title 选项，如图 14-96 所示。

Step 10　单击右下方的 ul 标签，在"属性"面板的"类"下拉列表中选择 list 选项，如图 14-97 所示。

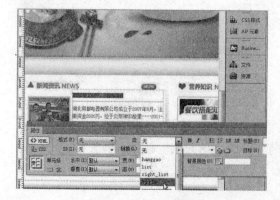

图 14-96　设置文章标题样式

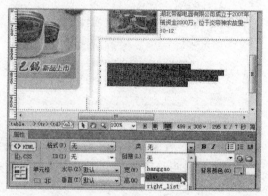

图 14-97　设置中间文章列表样式

Step 11 单击右下方的 ul 标签,在"属性"面板的"类"下拉列表中选择 right_list 选项,如图 14-98 所示。

Step 12 在 Dreamweaver 中选中最外层的表格,在"属性"面板中设置"居中对齐",如图 14-99 所示。

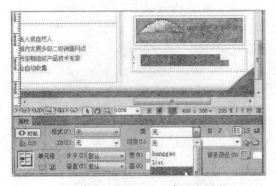

图 14-98 设置右边文章列表样式 图 14-99 设置表格居中对齐

Step 13 按【Ctrl+S】组合键保存文档,按【F12】键预览网页效果,如图 14-100 所示。

图 14-100 保存并预览网页

项目小结

通过本项目的学习,读者应重点掌握以下知识:

(1)掌握如何在 Photoshop 中制作导航栏和 Banner。

(2)掌握在 Photoshop 中制作网页主体部分的方法。

(3)掌握在 Photoshop 中制作网页底部的方法。

(4)掌握将制作好的效果图进行切片的方法。

(5)掌握在 Dreamweaver 中制作网页的方法。

(6)掌握使用 CSS 样式在网页中布局的方法,达到实用与视觉的最优化。

项目习题

根据本项目所学知识，制作如图 14-101 所示的网页效果。

图 14-101　网页效果

操作提示：

① 设计好网页的布局，然后使用素材在 Photoshop 中制作出网页的导航栏、横幅、内容板块和版权块的效果图。

② 将制作好的网页效果图在 Photoshop 中进行切片。

③ 在 Dreamweaver 中制作网页，并利用 CSS 样式美化网页。